一本书明白

鹌鹑
高效养殖技术

YIBENSHU

MINGBAI

ANCHUN

GAOXIAOYANGZHI

JISHU

韩占兵　主编

"十三五"国家重点
图书出版规划

新型职业农民书架·
养活天下系列

山东科学技术出版社　山西科学技术出版社　中原农民出版社
江西科学技术出版社　安徽科学技术出版社　河北科学技术出版社
陕西科学技术出版社　湖北科学技术出版社　湖南科学技术出版社
中原农民出版社　　　　　　　　　　　　　　联 合 出 版

U0242773

图书在版编目（CIP）数据

一本书明白鹌鹑高效养殖技术 / 韩占兵主编. — 郑
州：中原农民出版社，2018.10
（新型职业农民书架）
ISBN 978-7-5542-1907-2

Ⅰ.①一⋯ Ⅱ.①韩⋯ Ⅲ.①鹌鹑—饲养管理
Ⅳ.①S839

中国版本图书馆CIP数据核字（2018）第223463号

一本书明白鹌鹑高效养殖技术

主　编　韩占兵

副主编　杨建平　赵书强　张立恒

参　编　杨朋坤　王鑫磊

出版发行　中原出版传媒集团　中原农民出版社
　　　　　（郑州市经五路66号　邮编：450002）

电　　话　0371-65788655

印　　刷　河南安泰彩印有限公司

开　　本　787mm×1092mm　1/16

印　　张　11

字　　数　163千字

版　　次　2019年1月第1版

印　　次　2019年1月第1次印刷

书　　号　ISBN 978-7-5542-1907-2

定　　价　58.00元

目录
Contents

专题一
认识鹌鹑养殖产业

专题提示

1. 鹌鹑的经济价值。
2. 鹌鹑养殖前景。
3. 我国鹌鹑养殖现状。
4. 鹌鹑养殖经营管理。

一、鹌鹑的经济价值

1. 蛋用价值

蛋鹑饲养前期投入较少，每只母鹑从出壳到产蛋，仅耗料 750 克，加上鹑苗（母雏每只 0.6 元）和消毒防疫费用（每只 0.05 元），1 只产蛋鹑产蛋前投入约 2.7 元。饲养 1 万只蛋鹑仅需要 2.7 万元周转资金就可以见到效益；饲养蛋鸡大概每只要投入 20 元，而且房舍和鸡笼投入远高于蛋鹑饲养设施。鹌鹑为多层笼养（一般为 6 层），重叠式、半阶梯式鹌鹑笼占地面积少，每平方米房舍面积年产蛋量达到 426 千克（蛋鸡为 316.2 千克）。饲养 1 000 只蛋鸡的栏舍可以饲养蛋鹑至少 1 万只。

1 只蛋鹑全年耗料 9 千克（每千克成本 2.8 元），产蛋 3.0 千克（每千克平均批发价 9.0 元）。产蛋淘汰鹌鹑每只售价 1 元。除去饲料、疫苗、水电等开支，饲养 1 只鹌鹑，年收益在 2.0～3.0 元，1 名农村妇女可以轻松饲养 1.5 万只蛋鹑，壮劳力可以饲养 2 万～2.5 万只，效益显著。蛋鹑与蛋鸡生产指标比较见表 1。

表1 蛋鹑与蛋鸡生产指标比较

指　标	蛋鹑	蛋鸡
孵化期（天）	17	21
开产日龄	40	140
初生至开产耗料（千克）	0.75	7.8
平均蛋重（克）	10～12.5	58～64
年产蛋量（枚）	280～300	260～280
年产蛋总重（千克）	3.0～3.5	17～18
料蛋比	2.5：1	2.4：1
年总蛋重比活重倍数	20以上	7～8

鹌鹑养殖劳动强度低，适合妇女、老人参与。

2. 肉用价值

鹑肉肉质鲜美细嫩，含脂肪少，不腻，从古至今均被视为野味上品，民谚有"要吃飞禽，还是鹌鹑"之说。根据测定，鹑肉的蛋白质含量高达24.3%，脂肪含量为3.4%，另外胆固醇含量也比鸡肉低。鹑肉味道鲜美，主要原因是肌苷酸含量高。专门化肉子鹑35～40日龄上市，活重200～250克，饲料转化率3.6：1。育肥的蛋用型公鹑和淘汰的产蛋母鹑也深受市场欢迎，适合整只油炸或卤制食用。专用肉鹑在江苏、北京的饲养量较大，现已被逐步引入全国各地饲养。随着人们消费水平的进一步提高，鹑肉会越来越受到人们的欢迎。

鹌鹑肉质鲜美，营养价值高，备受人们欢迎，市场供不应求。

3. 药用价值

中医认为，鹌鹑肉味甘，性平，无毒，有消肿利水、补中益气的功效，被视为"动物人参"。《本草纲目》中记载，鹌鹑肉"补五脏，益中续气，实筋骨，耐寒暑，消结热"，主治泻痢、疳疾，有养肝利肺，通利九窍的功效，现代营养学研究表明，鹑蛋富含卵磷脂，对脑神经衰弱有一定的辅助治疗作用。鹑蛋中苯丙氨酸、酪氨酸及精氨酸等必需氨基酸丰富，是患有糖尿病、结核病、支气管喘息、贫血、肝炎、营养不良、斑秃、月经不调等病人的良好食品。

鹌鹑肉味甘，性平，无毒，有消肿利水、补中益气的功效；鹌鹑蛋富含卵磷脂，可对脑神经衰弱起到辅助治疗的作用。

4. 实验动物

鹌鹑在国内外被广泛用作实验动物，越来越受到科研工作者的关注。鹌鹑作为实验动物和模型动物，具有体形小、耗料少、占地少、易饲养、繁殖快、世代间隔短、敏感性好等优点。

5. 观赏价值

驯养鹌鹑最早是用于观赏和斗鹑，斗鹑是一种有益于身体健康的民间娱乐项目。斗鹑始于我国春秋战国时代，至今我国许多地方还有斗鹑习俗。鹌鹑能

鹌鹑作为实验动物，可以用于营养学、遗传学、病理学、毒理学、药理学、环保学以及太空和医学等研究领域。

在古代受到喜爱，是因为雄性鹌鹑贪食好斗。到唐宋以后斗鹌又发展成玩赏用，斗鹌普遍性并不亚于斗鸡。在黄河以南的某些地方，斗鹌鹑取乐已很通行，如河南郑州、南阳等地还有斗鹌表演。斗鹌是专门的品种类型，现代高产蛋鹌很少打斗。清朝康熙年间贡生陈面麟著有《鹌鹑谱》，书中对 44 个鹌鹑优良品种的特征、特性分别作了阐述。对饲养各法如养法、洗法、饲法、斗法、调法、笼法、杀法以及 37 种宜忌等均有详细记载。

家养鹌鹑作为狩猎动物，可供游人射杀或捕猎，具有广阔的旅游前景。

6. 狩猎动物

鹌鹑和山鸡一样，在国外被用作狩猎。家养鹌鹑飞翔能力有限，不能高飞，只能进行短距离的滑翔，因此非常适合作为狩猎动物，供游人射杀或捕获。狩猎在国外非常盛行，是发展旅游业的好项目。随着我国旅游业的进一步发展，鹌鹑作为狩猎动物具有广阔的前景。

鹌鹑具有很强的观赏价值。

二、鹌鹑养殖前景

1. 适合农村资金有限的农户发展

鹌鹑具有高度的适应性，性成熟与体成熟均较其他家禽早，生产周期短，投资相对较少，资金周转快。

（1）投入少　鹌鹑养殖业在广大农村地区得到飞速发展的原因就是其投入少，养殖鹌鹑占地面积不大，房前屋后皆可养殖。即使大规模的养鹑场，所占土地、房舍也远远低于其他家禽。由于舍内采取多层笼养设备，鹌鹑笼结构简单，饲养密度又大，所以建筑、设施、资金投入都比其他家禽要低得多。对劳动力的要求也不是很高，不需要繁重的体力劳动。另外，家养鹌鹑的适应性和抗病力强，用于防疫的药物开支也很低。

（2）资金周转快　无论蛋用型还是肉用型鹌鹑，40～50天即可成熟。肉用型35日龄时可达到200克以上，仅耗饲料700克；蛋用型全年产蛋大约280枚，总重量达3千克，为其体重的20倍。所以，相对于其他家禽来说，资金周转要快得多。

（3）劳动效率高　饲养效率高，每人可饲养蛋用鹌鹑2.5万只，机械化养鹌鹑则饲养量更大。

2. 鹌鹑蛋价格行情分析

从行情分析，鹌鹑蛋每年都有一个价格波动期，但市场价格波动相对较小，鹌鹑养殖户可以根据当地养殖规模和季节调整存栏量。另外，养鹑户要时刻关注鸡蛋的价格走势，因为某些程度上鹌鹑蛋价格会随着鸡蛋的走势而变化，价格比鸡蛋每千克高2～3元。

鹌鹑蛋在天冷和逢年过节时价格会升高，此时为市场需求旺季；在天气热又无节日时价格会降低，此时为市场需求淡季。

三、我国鹌鹑养殖现状

1. 蛋鹑生产现状

在品种利用上，过去以日本鹌鹑、朝鲜鹌鹑为主，近年来引进的品种还有爱沙尼亚鹌鹑、法国白羽蛋鹑等。在引进的基础上，我国家禽育种专家培育出了鹌鹑新品种，如中国白羽鹌鹑、中国黄羽鹌鹑等，各项生产性能有了较大提高。中国白羽鹌鹑和中国黄羽鹌鹑为隐性纯系伴性遗传，用中国白羽鹌鹑（或中国黄羽鹌鹑）公鹑与有色羽母鹑交配，后代出壳可按羽色自别雌雄。浅色羽为母鹑，深色羽为公鹑，雌雄一目了然，鉴别准确率达 98% 以上。自别雌雄配套系目前得到了广泛推广。

河南武陟县、江苏江阴市、江苏无锡市、江苏赣榆县、河北石家庄市、山东嘉祥县、河南周口市等地都是蛋鹑饲养比较集中的地区，特别是河南武陟县规模最大，服务体系最为完善，已经成为远近闻名的鹌鹑养殖基地。以武陟县谢旗营镇为中心（包括其他乡镇）的蛋鹑繁育、鹑蛋生产基地已经成为北方最大的鹌鹑养殖基地，2011 年饲养量达到 3 000 万只，年产值达到 7 亿元。该镇逐步由商品鹑饲养发展为集种鹑繁育、种苗孵化、笼具生产、鹑蛋生产、产品加工与贸易为一体的现代化鹌鹑养殖基地，如今的谢旗营镇鹌鹑养殖基地远近闻名，鹑蛋、种苗等产品销往全国各地。

2. 肉子鹑生产现状

肉子鹑饲养，是我国近十年发展起来的新兴肉禽养殖项目，但在华东、华南已经形成较大的肉子鹑消费市场，养殖也集中于此。在北方肉子鹑消费主要集中在北京、天津等大城市，郊区都有饲养。我国北方利用蛋用型公鹑进行育肥，30～35 天可以长到 100～120 克，而产蛋结束淘汰的母鹑，活重在 150 克左右。这些类型肉子鹑个体小，适合整只油炸食用，每只活鹑售价一般在 1.0～2.0 元。江苏省肉子鹑年出栏已经超过 1 亿只，占全国饲养量的 75%，其中无锡市新安镇和连云港市赣榆县是国内两大肉子鹑生产基地，上海市场肉子鹑主要来源于此。

四、鹌鹑养殖经营管理

1. 产业化经营

鹌鹑养殖目前采取的产业化模式主要有"龙头企业＋基地＋农户""公司＋农户""专业合作社＋农户"等模式。龙头企业、公司或专业合作社的主要职能有：

（1）生产组织与管理职能　把一个个的小规模饲养场（户）组织起来，采取统一品种、统一饲料、统一防疫、统一生产计划和统一销售，提高养殖场（户）养殖成功率与劳动效率。

（2）技术服务职能　设立技术服务中心，为养殖场（户）提供技术指导和咨询服务；定期组织相关专家举办养殖技术经营管理讲座，解决生产中存在的问题，提高成员的生产管理水平。

（3）信息服务职能　及时向养殖户提供有关品种、饲养管理新技术、市场行情预报等方面的信息，让养殖场（户）及时了解行业动态及有关方面的信息资讯，为生产决策提供指导。

（4）产品销售职能　组织加工销售终端产品及副产品，通过可控制产品数量的增加，提高龙头企业或专业合作社在市场上的影响力。

2. 抓好鹌鹑养殖基地建设

以龙头企业为首的鹌鹑养殖基地，要完善各项鹌鹑生产、销售相关配套服务，建立起鹌鹑种苗生产、鹌鹑饲料生产、鹌鹑笼具加工、鹌鹑饲养技术培训、鹑蛋回收、鹌鹑产品加工、鹌鹑产品销售为一体的鹌鹑产业链条。例如，河南武陟县谢旗营鹌鹑养殖基地，各项配套措施完善，养殖户到基地引种，一次可以完成笼具购买、饲料采购、技术咨询，基地还可以签订购销协议，使鹌鹑养殖户后顾无忧，获得稳定的收益。河南武陟县谢旗营鹌鹑养殖基地已经成为我国北方地区最大的鹌鹑蛋生产基地和鹌鹑良种供应基地。

3. 成立鹌鹑养殖协会，提高养殖技术水平

农业社会化服务是农业现代化的必然要求，也是现代农业区别于传统农业的重要标志。协会是指为促进某种共同事业的发展而组成的群众团体，是连接生产与市场的中介组织。鹌鹑养殖协会按照"民办、民营、民有、民受益"的原则，将从事鹌鹑养殖、经营的农民组织起来，实行自我管理、自我服务、自我约束、自负盈亏，主要提供功能性服务。鹌鹑养殖协会充分利用外销内联的优势，在做大鹌鹑产业中发挥了不可或缺的作用。

4. 采取"基地＋经纪人＋养殖户"的饲养、销售模式

经纪人联结养殖户和市场，以大市场带动千家万户的鹌鹑养殖，架起千家万户养殖和千变万化大市场的桥梁，成为产业化的龙头。为了确保市场供需平

衡，每个运销经纪人都根据自己的日销量与养殖户紧密联系，做到按市场生产，定价格收购，定时间销售，形成风险共担、利益均沾的模式。

5. 依托高校提高科技水平

近年来我国的鹌鹑生产取得了突飞猛进的发展，这与新技术的应用密不可分。目前我国鹌鹑饲养数量达到 2.5 亿只，成为第一养鹑大国，这与我国高校广大科研工作者的辛勤工作和努力有关。河南科技大学鹌鹑自别雌雄配套系的培育解决了初生鹌鹑雌雄鉴别难题，自别雌雄配套系在谢旗营镇鹌鹑养殖基地得到了推广，控制了公鹑饲养造成的饲料消耗，节约了笼位，从而降低了饲养成本。河南牧业经济学院畜牧工程系养禽教研室专门从事家禽、特禽养殖技术的研究与推广。通过专家教授的指导，鹌鹑养殖科技含量不断提高，依靠科技进步、全面推广良种良法，提高了科学养鹌鹑的水平。

6. 做好产品深加工

鹌鹑产品加工业是鹌鹑产业化的一个重要环节。搞好产品深加工，走鹌鹑产业化道路是新时期鹌鹑生产的必然选择。我国农业产业化水平比发达国家低，关键在于加工环节落后，致使农民增产不增收。过去鹌鹑养殖基地只重视鲜蛋和淘汰鹌鹑的销售，产品结构单一，销售受时间影响较大，积压的产品只能降价销售，而且鲜蛋、活鹑还不便于长途运输。近年来，受国家宏观政策的影响以及利益的驱动，一批鹌鹑加工企业落户各鹌鹑生产基地，改变了多年来单一的鹌鹑产品销售模式，延长了鹌鹑产业链条，增加了销售渠道和鹌鹑养殖收益。

7. 新技术、新产品应用

现代家禽生产离不开科学技术，新的技术层出不穷。鹌鹑养殖要想取得高效益离不开新品种、新产品的利用和科学的管理方法。自别雌雄配套系、重叠式鹌鹑笼、鹌鹑自动喂料系统、鹌鹑自动清粪系统、自流杯式饮水器、"全进全出"生产制度、人工环境控制、科学免疫、全价配合饲料、无鱼粉日粮、最低成本饲料配方、电气孵化、鹌鹑粪便发酵生产有机肥等一系列新技术、新产品的应用促进了鹌鹑业的健康发展。

8. 产业化链接模式

建立"龙头企业＋基地＋农户"鹌鹑养殖产业化链接模式，可有效解决鹌鹑生产的盲目性和无组织性，实现行业的健康发展。实施产业化模式，具有以下几个方面的优势：①有利于降低生产成本，提高养殖效益。建立"龙头企业

+ 基地 + 农户"产业化链接模式，提高了鹌鹑养殖的组织化程度，可有效降低原材料的采购成本及产品销售成本，提高鹌鹑养殖的综合经济效益。②有利于实施标准化规模养殖，实施品牌经营战略。标准化的生产模式、规模化经营是实施品牌经营战略的基础，随着鹌鹑养殖产业化链接机制的不断完善，鹌鹑养殖的组织化程度会越来越高，为鹌鹑产品的加工及品牌运作奠定坚实的基础。③有利于获得政策支持。政府职能部门对产业的支持是根据产业对地区经济的贡献大小及与相关政策的适合程度决定的，政府对扶贫项目、科技推广项目、标准化生产示范项目等的支持均面向有一定规模的企业或经济组织。因此，实施产业化链接模式可有效利用政府的相关政策，获得相应的政策、技术、资金方面的支持。

小知识

鹌鹑养殖需要加强的环节

1. 加大宣传力度，开拓消费市场

鹌鹑蛋和鹌鹑肉目前市场接受程度并不高，还没有进入寻常百姓的"菜篮子"，市场依赖于一些大城市。蛋鹑饲养在全国分布较广，但鹌鹑蛋的消费主要集中在城市，呈点状，没有形成面，农村市场没有很好地开发，有些地区属于空白地带。要想进一步扩大生产，需要逐步开拓消费市场。要进一步宣传鹌鹑产品优势，实施品牌战略，加强产品的深加工，开拓产品销售市场，使其最终能被消费者认可。

2. 加强基地建设，推进产业化生产

以公司为龙头，形成"公司 + 农户""公司 + 基地 + 农户""鹌鹑养殖合作社"等生产经营模式，采用产、供、加、销一条龙生产方式。以产前提供种鹑、饲料，产中提供技术、服务，产后统一销售、抵扣结算的办法来组织生产。龙头企业要与养殖户签订订单合同，明确双方的权利义务，解决养殖户的后顾之忧，提高其养殖信心。政府要在政策、资金、宣传等方面对公司和龙头企业进行强势扶持，逐步推进鹌鹑产业化建设。

3. 加强技术培训，提高养殖效益

针对目前禽病复杂，养殖风险大，养殖户缺乏基本的消毒防疫、饲养管理知识的现状，鹌鹑养殖协会要加强技术培训，普及科学饲养管理基础的知识，推广国内外先进的养殖技术，制定严格的饲养管理制度和防病免疫程序。同时，要落实到基地，抓好典型示范，做好鹌鹑标准化生产，培训生产技术骨干，提高从业人员业务素质，并加强科研与成果推广转化。

专题二
鹌鹑的品种与繁育

专题提示

1. 鹌鹑的外貌特征。
2. 鹌鹑的生活习性。
3. 鹌鹑的主要品种。
4. 鹌鹑的育种指标。
5. 鹌鹑的繁育方法。
6. 鹌鹑的选种。
7. 鹌鹑的选配。
8. 鹌鹑的引种。

一、鹌鹑的外貌特征

1. 野生鹌鹑（图1）

野生鹌鹑头小尾短，上体黑色和棕色斑相间分布，具有浅黄色羽干纹，下体灰白色，颊和喉部赤褐色，喙铅灰色，胫淡黄色。雌鸟与雄鸟颜色相似，但雌鹑背部和两翅黑褐色较少，棕黄色较多，前胸具褐色斑点，胸侧褐色较多，雄鸟好斗。成年体重为66～118克，体长148～182毫米，尾长约46毫米。

图1　野生鹌鹑

11

2. 家养鹌鹑（图2）

家养鹌鹑由野生鹌鹑驯化而来，是鸡形目中体形最小的一种。家养公鹑体形略大于母鹑。成年蛋用型家鹑体重110～150克，肉用型家鹑体重200～250克；蛋用鹑蛋重10～12克，肉用鹑蛋重14～16克。成年鹌鹑呈纺锤形，外形似雏鸡。鹌鹑头小，喙细长而尖，无冠髯和耳叶。尾短而下垂。胫部表面无鳞片，无距，无羽毛。成年公鹑的泄殖腔腺发达。经过长期的遗传改良，家鹑与野生鹌鹑有了很大的差别，如家鹑的颜色变深，体形变大，体重增加，繁殖力增强，但是丧失了抱窝就巢的习性和迁徙的能力。家养鹌鹑的羽色以野生羽色为主，是栗色花纹型，但培育品种中也有白色、黄色类型。栗色羽类型公鹑和母鹑羽色有区别：公鹑额头、脸部、喉部均为砖红色，其他部位黑褐色，间有黄白色条纹，腹部黄白色。母鹑额头、脸部、喉部均为近白色，胸部有许多较大的褐色斑点，身上的黄白色条纹较深。

有色羽鹌鹑的羽色随季节而变化，如朝鲜鹌鹑，有夏羽与冬羽之分。

(1)夏羽 公鹑的额部、头两侧及喉部均呈砖红色；头顶、枕部、后颈、背、肩为黑褐色，并夹有白色条纹或浅黄色条纹；两翼大部分为淡黄色、橄榄色，间或夹有黄白纹斑；腹部羽毛冬、夏无变化，均为灰白色。母鹑夏羽羽干纹多呈黄白色，额、头两侧、颌、喉部则以灰白色居多，胸羽可见暗褐色细斑点，腹部羽毛为灰白色或淡黄色。

(2)冬羽 公鹌鹑额部、头两侧及喉部的羽毛由砖红色变为褐色；背前羽变为淡黄褐色，背后羽呈褐色，翼羽颜色冬、夏无变化。母鹑的冬羽与夏羽基本相同，只是冬季背部羽毛黄褐色部分增多，颜色加深。

图2 家养鹌鹑

二、鹌鹑的生活习性

1. 带有野性

家养鹌鹑与野生鹌鹑相比生物学特性已有很大差别，但仍保留了一些野生鹌鹑的行为习性，如能短距离飞翔，喜跳跃和快步行走，爱鸣叫，特别是公鹑声音高亢，反应敏捷，好斗，母鹑有时也会发生啄斗等野性行为。

2. 早成雏

鹌鹑为早成雏禽类，在孵化过程中雏鹑得到了充分发育，刚出壳的雏鹑绒毛丰满，眼睛睁开，腿脚有力。绒毛完全干后就可自由活动、觅食，适合人工育雏。

3. 新陈代谢旺盛

家养鹌鹑喜动，并不停地采食，每小时排粪 2～4 次。其新陈代谢较其他家禽旺盛，体温高而恒定，成年鹌鹑体温 40.5～42℃，心跳频率 150～220次／分，呼吸频率受室温变化的影响较大。

4. 摄食行为

鹌鹑为鸡形目鸟类，属于陆禽。野生鹌鹑在地面找食，为杂食性禽类，各种植物嫩叶、浆果、昆虫都是它的食物。人工驯化后鹌鹑喜欢采食颗粒状饲料，如果饲料粉碎太细会造成采食困难，粉料拌湿后可以增加采食量。鹌鹑采食行为比较有规律，正常情况下鹌鹑在早晨和傍晚采食、饮水较频繁，每两次间隔时间很短，下午采食次数较少，在下午产蛋后 1 小时内基本停止采食。每天天亮后不久和天黑前 1 小时是一天中进食量最大的时间，应注意加料。鹌鹑具有明显的味觉喜好，喜食甜酸味的饲料。

5. 喜欢温暖的环境

鹌鹑为候鸟，不同于其他家禽，对温度变化较为敏感。野生鹌鹑每年春、秋两季都要进行远距离迁徙。人工饲养条件下，鹌鹑生长和产蛋均需要较高的环境温度。鹌鹑喜欢生活在温暖干燥的环境中，对寒冷和潮湿的环境适应能力较差。鹌鹑适宜生长的环境温度为 20～28℃，最佳产蛋温度为 24～25℃，在20～28℃温度内可以达到理想的饲料转化效率。气温低于 10℃时，产蛋量锐减，甚至停产，并出现脱毛现象；气温超过 30℃时，食欲下降，产蛋减少，蛋壳变薄易碎。鹌鹑对温度的变化比鸡更为敏感，要密切注意，保证昼夜温度一致。

6. 性成熟早，生产周期短

鹌鹑新陈代谢旺盛，生长发育快，从出壳到产蛋只需要 40 天左右。鹌鹑无抱窝性，年产蛋量和平均产蛋率都超过了蛋鸡，每只蛋用母鹑年产蛋量超过 300 枚，个别个体达到 400 枚（有时 1 天产蛋两次）。蛋鹑的产蛋期可以持续 10 ～ 12 个月，当产蛋率下降到 60％以下时可以淘汰，消毒房舍后饲养下一批。肉鹑 35 ～ 40 天上市，活重达到 200 ～ 250 克 / 只，同一鹑舍每年可饲养 7 ～ 8 批。因此，鹌鹑养殖真正是投资少、见效快的养殖项目。

7. 反应机敏，易受到应激影响

鹌鹑个体小，不善高飞，野生鹌鹑往往是各种兽类的攻击对象，国外把鹌鹑作为狩猎鸟类。因此，野生鹌鹑富于神经质，对周围的环境反应敏感，随时准备躲避敌害。家养鹌鹑虽然经过了近百年的人工驯化，但野性尚存。因此，饲养鹌鹑应选择比较安静的地方建场，饲养人员要固定，不能随意更换，日常各项操作动作要轻，不能有大的响动，否则容易出现惊群现象，导致死亡和产蛋率的突然下降。

鹌鹑对声音的敏感度非常高，尤其是忽然听到激烈的声音反应更明显。当鹌鹑听到鞭炮声或者喇叭声等就会飞起来；要是在笼子里，就会不顾一切地冲撞笼子，试图逃离这种声音的刺激。所以，对于养殖户来说，养鹌鹑的场所尽量要选在远离街道和闹市的地方，避免汽车的轰鸣声和其他声响对鹌鹑的刺激。

8. 适合笼养

鹌鹑个体小，具有栖高性，适合高密度笼养。种鹑笼养也能进行正常交配，保持较高的受精率。笼养鹌鹑管理方便，加料、加水、收蛋、疫苗接种效率高，促进了规模化鹌鹑生产的发展。

9. 有斗性

鹌鹑生性好斗，亚洲某些国家把公鹑用作"斗鹑"进行娱乐和表演。种公鹑在繁殖季节常为争夺配偶而打斗，因此应确定合适的配种比例，避免公鹑太多。种鹑要降低饲养密度，一般公母比例为 1∶3，商品鹌鹑在育雏期可以进行断喙处理。但种公鹑不能断喙，否则不能进行正常交配。

10. 喜沙浴

鹌鹑酷爱沙浴，即使在笼养条件下，若未设置沙浴盘，也会用喙摄取粉料撒于身上进行沙浴或在食槽内沙浴。饲养中应注意避免造成饲料浪费，在料槽中加装铁丝网。

11. 鸣声

成年鹌鹑的鸣叫声高亢洪亮。公鹑一般是三段连续的洪亮声音：第一段鸣声中等长短，接着是短促的，最后是拉长的叫声。啼鸣时往往挺胸直立，昂首引颈，前胸鼓起。母鹑鸣声尖细低回，如蟋蟀声，一般表现为两段短促的声音。商品鹌鹑舍如发现有公鹑叫声，属于雌雄鉴别错误的公鹑，应及时找到并淘汰，以防造成不必要的饲料消耗。

小知识

野生鹌鹑迁徙规律

鹌鹑是雉科中迁徙能力相对较弱的一种，翼羽短，不能高飞、久飞，往往昼伏夜出，喜夜间迁徙群飞。野生鹌鹑每年6～7月在新疆西部、内蒙古东部繁殖，然后向南迁徙越冬。根据初步的调查与考证，野生鹌鹑的南迁路线可能有三条。

第一条线路：从内蒙古和新疆直接南迁，分别到达辽宁、河北、黄河沿岸和西藏昌都地区越冬。

第二条线路：从昌都地区绕青藏经四川、陕西、河南一带继续南迁到达长江中下游地区。

第三条线路：从昌都地区经云南、贵州迁至东南沿海地区。每年3～4月迁飞回新疆、内蒙古等地繁殖。当然也有留在当地繁殖或局部迁移的，因为这些鹌鹑喜欢在当地温暖、湿润的水草上筑巢。

三、鹌鹑的主要品种

现代家养鹌鹑由野生鹌鹑驯养而来。野生鹌鹑分为野生普通鹌鹑和野生日本鹌鹑，它们形态酷似，长期以来被认为是同一个种，但两者之间存在着明显的生殖隔离。两种野生鹌鹑在我国境内均有分布，以野生日本鹌鹑居多。鹌鹑经人工长期选育，已育成了20多个品种与品系。驯化了的高产鹌鹑品种与品系已科学地纳入了家禽行列，并被列入特禽范畴。虽源自野生鹌鹑，但再也不能将其视为野生鹌鹑，因为从其生产性能看，两者已有天壤之别。

我国先后引进了日本鹌鹑、朝鲜鹌鹑、爱沙尼亚鹌鹑、法国迪法克肉子鹌鹑和莎维麦脱肉子鹌鹑。在引进国外品种进行饲养过程中，我国也自行培育了北京隐性白羽鹌鹑及其自别雌雄配套系、南农隐性黄羽鹌鹑及其自别雌雄配套系以及北京白羽肉子鹌鹑等种。除了日本鹌鹑和北京白羽肉子鹌鹑外，其他类型品种与配套系已经成为我国鹌鹑养殖业的当家品种。特别是我国科研工作者发明的自别雌雄配套系，填补了鹌鹑自别雌雄的空白，取得了明显的经济效益，在蛋鹑生产中得到了广泛的应用。按照商品用途不同，鹌鹑主要分为蛋用型和肉用型两大类型。

1. 蛋用鹌鹑品种

（1）朝鲜鹌鹑（图3）　育成于朝鲜，俗称花鹌鹑，是分布最广、饲养数量最多、养殖历史最悠久的品种。该品种适应性好，产蛋性能高，抗病能力强。成年鹌鹑羽毛呈栗褐色，雄鹌鹑面部、下颌以及喉部呈淡褐色，胸部羽毛为砖红色；雌鹌鹑面部呈淡褐色，下颌呈灰白色，胸部羽毛为灰白色并有均匀的小黑点。成年体重雄鹌鹑平均130克／只，雌鹌鹑平均165克／只。40日龄开始产蛋，年产蛋量260枚，平均蛋重12克／枚，壳色为棕色或青紫色的斑块或斑点，平均产蛋率75%～80%，单只日耗饲料24克左右，蛋料比为1∶3。朝鲜鹌鹑引入我国后利用率较高，而且经过育种场的进一步选育，生产性能有所提高，目前多作为自别雌雄配套系母本品系。李明丽（2012年）对朝鲜鹌鹑早期体重与38日龄屠宰性能进行了测定，见表2、表3。公、母鹑10日龄体重差异不显著（P＞0.05）。其他日龄母鹑体重均显著大于公鹑体重（P＜0.01）。母鹌鹑的半净膛率和胸肌率显著高于公鹑（P＜0.05）。

图3　朝鲜鹌鹑

表 2　不同日龄朝鲜鹌鹑体重发育

日龄（天）	公鹌鹑（克）	母鹌鹑（克）	平均（克）
10	28.06	28.83	28.45
17	50.36	52.48	51.42
24	74.60	78.16	76.38
31	97.17	101.94	99.56
38	109.39	117.92	113.66

表 3　38 日龄公、母鹑的主要屠宰性能指标

屠宰性能指标	公鹌鹑	母鹌鹑	平均
屠宰率（%）	89.58	89.71	89.65
半净膛率（%）	79.30	79.73	79.52
全净膛率（%）	62.60	62.69	62.65
腿肌率（%）	19.86	19.53	19.70
胸肌率（%）	30.76	31.46	31.11

　　屠宰率和全净膛率是衡量家禽产肉性能的主要指标。一般认为家禽屠宰率在 80% 以上、全净膛率在 60% 以上，肉用性能良好。本次测试结果显示，38 日龄朝鲜鹌鹑的屠宰率在 89% 以上，全净膛率在 62% 以上，表明朝鲜鹌鹑的产肉性能也较好。

　　（2）中国白羽鹌鹑（图 4）　　由北京市种禽公司种鹌鹑场、中国农业大学和南京农业大学等联合育成的白羽鹌鹑新品系，为隐性白羽纯系，由朝鲜鹌鹑白羽突变个体选育而成。体羽洁白，偶有黄色条斑，眼粉红色，喙、胫、脚为肉色。产蛋比朝鲜鹌鹑蛋重 1 克 / 枚，年产蛋多 20 枚 / 只。白羽基因为隐性伴性遗传基因，白羽鹌鹑作为自别雌雄配套系的父本使用。自别雌雄配套模式为中国隐性白羽鹌鹑公鹑与有色羽母鹑交配，后代出壳后即可按羽色自别雌雄：浅黄色为母鹌鹑（后变为白色），有色羽为公鹌鹑。北京市种鹌鹑场饲养成绩：成年公鹑体重 130 ~ 140 克，母鹑体重 160 ~ 180 克。6 周龄开产，年平均产蛋率

85%左右，蛋重11.5～13.5克/枚，蛋壳有斑块或斑点，每天每只鹌鹑耗料23～25克。蛋料比为1∶2.73，配种日龄为90～300天，受精率90%。中国白羽鹌鹑育雏期视力差，育雏条件要求高，成活率低。

图4　中国白羽鹌鹑

（3）黄羽鹌鹑（图5）　朝鲜鹌鹑隐性黄羽类型很早就被人们发现，南京农业大学种鹌鹑场首先育成并推广，称南农黄羽鹌鹑。体羽浅黄色，夹杂褐色斑纹。初生雏胎毛浅黄色，喙、脚浅褐色。6周龄开产，年产蛋量260～300枚/只，年平均产蛋率83%，蛋重11～12克/枚，蛋料比1∶2.7，蛋壳颜色同朝鲜蛋鹑。南农黄羽鹌鹑适应性较强，耐粗饲，生产性能稳定。具有隐性伴性遗传特性，为自别雌雄配套系父本品系，俗称黄羽鹌鹑或红羽鹌鹑，出壳后可根据胎毛色彩自别雌雄。该品种体质较好，抗病力强，杂病少，饲养期为14个月，自然淘汰率5%～10%。河南科技大学庞有志等（2009年）对成年黄羽鹌鹑体尺指标进行了测定，测定结果见表4。

图5　黄羽鹌鹑

表 4　黄羽鹌鹑的主要体尺与体重

性别	胫长 （厘米）	胸宽 （厘米）	胸长 （厘米）	胸骨长 （厘米）	体斜长 （厘米）	体重 （克）
公鹑	3.56	3.20	4.49	3.81	8.75	129.08
母鹑	3.64	3.33	4.65	4.65	9.10	157.58

（4）自别雌雄配套系　根据伴性遗传的交叉遗传规律，在蛋用鹌鹑生产中采用固定的杂交模式，达到子代自别雌雄的目的。这种固定的杂交模式为携带纯合隐性伴性基因的品系作父本，携带显性伴性基因的品系作母本，杂交子一代可根据胎毛颜色自别雌雄，具有较高的育种与生产价值，生产中常用的配套模式有以下三大类：

1）隐性白羽公 × 栗羽母（朝鲜鹌鹑、法国肉用鹌鹑等）（图 6）　由北京市种禽公司、中国农业大学和南京农业大学等研究成功，经 13 批试验论证子一代初生雏淡黄色羽为雌雏（初级换羽后即呈白色羽），栗羽则为雄雏，自别准确率 100%。河南科技大学测定，杂交白羽商品代 51 天开产，年产蛋 286 枚 / 只，平均蛋重 12 克 / 枚，蛋料比 1 ∶ 2.8。

图 6　白羽自别雌雄配套系商品代（栗色为公，白色为母）

2）隐性黄羽公 × 栗羽母（朝鲜鹌鹑）（图 7）　由南京农业大学进行了配套系测定研究。其商品代雏鹑胎毛颜色为黄色者（背部隐约有深黄色条斑）为雌雏，而胎毛颜色为栗褐色者则为雄雏。经多年测交试验，此种正交的杂交雏生命力强，育雏率可达 93% 以上，雌鹑生产性能较朝鲜母鹑强。河南科技大学测定，杂交黄羽商品代49天开产，年产蛋281枚／只，平均蛋重11.5克／枚，蛋料比1：2.73。

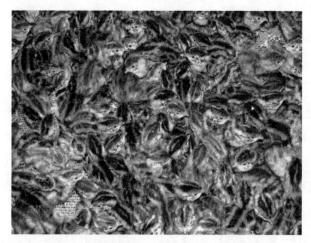

图7　黄羽自别雌雄配套系商品代（深色为公，浅色为母）

3）三元杂交制种　黄羽系公鹑与朝鲜鹌鹑龙城系母鹑交配，子一代自别雌雄黄羽母鹑再与白羽公鹑交配，子二代公鹑为栗羽淘汰，母鹑为白羽利用，见图8。

黄羽系（♂）× 龙城系（♀）

⇓

F1 黄羽（♀）× 白羽系（♂）

⇓

F2 白羽（♀）商品蛋鹑

图8　蛋用鹌鹑三元杂交制种模式一

用白羽系公鹑与朝鲜鹌鹑龙城系母鹑交配，子一代自别雌雄白羽母鹑再与黄羽公鹑交配，子二代公鹑为栗羽淘汰，母鹑为黄羽利用，见图9。

白羽系（♂）× 龙城系（♀）

⇓

F1 白羽（♀）× 黄羽系（♂）

⇓

F2 黄羽（♀）商品蛋鹑

图9　蛋用鹌鹑三元杂交制种模式二

上述两种配套系的出现极大地丰富了我国鹌鹑生产的配套体系，推动了伴性遗传原理在鹌鹑生产中的应用，在生产上具有重大的推广价值。其中黄羽和白羽正反交均可组成自别雌雄配套系，这是国内外发现的唯一一种能通过正反交（双向）自别雌雄的配套系。

（5）日本鹌鹑（图10）　日本鹌鹑为世界著名的蛋用型品种，育成于日本，是鹌鹑种的重要基因库，以体形小、产蛋多、纯度高而著称于世。其体羽呈野生型栗褐色（麻色），头部黑褐色，中央有淡色直纹，背心赤褐色，均匀散布着黄色直条纹和暗色横纹，腹羽色泽较浅。公鹌鹑面部、下颌、喉部为赤褐色，胸羽呈红砖色；母鹌鹑面部淡褐色，下颌灰白色，胸羽浅褐色并缀有呈鸡心状分布的大小不等的黑色斑点。成年体重公鹌鹑110克／只，母鹌鹑140克／只。限饲条件下，母鹌鹑6周龄开产，年产蛋250～300枚／只，高产品系母鹌鹑年产蛋超过320枚／只，平均蛋重10.5克／只，蛋壳上布满棕褐色或青紫色的斑块或斑点，不同的是，棕褐色蛋壳常有光泽，而青紫色蛋壳呈粉状。

图10　日本鹌鹑

日本鹌鹑对饲养环境要求较高，要求温度适宜、光照合理、环境安静、空气清新；种蛋受精率较低。该品种对饲料中蛋白质含量、原料品质要求较高，适合密集型饲养。我国曾在20世纪30年代和50年代引进饲养，后来品种退化严重，目前在我国蛋鹑生产中所占的比例不大。

（6）爱沙尼亚鹌鹑（图11）　是蛋肉兼用的鹌鹑品种。体羽为赭石色与暗褐色相间，公鹌鹑前胸部为赭石色，母鹌鹑胸部为带黑斑点的灰褐色。身体呈短颈短尾的圆形。背前部稍高，形成一个峰。母鹌鹑比公鹌鹑重10%～12%。具飞翔能力，无就巢性。该品种主要生产性能：年产蛋315枚／只，产蛋总量

3.8千克／只，平均开产日龄47天，成年鹌鹑每天耗料量为28.6克／只，每千克蛋重耗料2.62千克／只。35日龄时平均活重为公鹌鹑140克／只、母鹌鹑150克／只，平均全净膛重为公鹌鹑90克／只、母鹌鹑100克／只。河南武陟县有引进饲养。

图11　爱沙尼亚鹌鹑

（7）神丹1号鹌鹑配套系　神丹1号鹌鹑配套系是由湖北神丹健康食品有限公司与湖北省农业科学院畜牧兽医研究所历经8年共同培育的蛋用鹌鹑配套系，2012年3月获得了国家畜禽遗传资源委员会颁发的畜禽新品种配套系证书。湖北神丹健康食品有限公司从1994年开始联合湖北省农业科学院畜牧兽医研究所共同开展了蛋用鹌鹑的系统选育工作。神丹1号鹌鹑配套系具有体形小、耗料少、产蛋率高、蛋品质好，适合加工、品种性能遗传稳定、群体均匀度好等特点，其商品代鹌鹑育雏成活率95%，开产日龄43～47天，35周龄入舍鹌鹑产蛋数155～165枚／只，平均蛋重10～11克／枚，平均日耗料21～24克／只，蛋料比1∶（2.5～2.7）。35周龄体重150～170克／只。相对于市场上同类鹌鹑，可大大降低生产成本，提高生产效益，具有广阔的推广应用前景。

（8）蛋用黑羽鹌鹑　蛋用黑羽鹌鹑是从朝鲜鹌鹑（父本）与黄羽鹌鹑（母本）自别雌雄配套系的杂种公鹑中发现的一种黑羽突变体，采用回交和横交等方法培育的一个新的羽色突变系。黑羽鹌鹑雏除两眼周围有少量黄色绒羽外，全身绒羽全为黑色，喙和爪为棕黑色，成鹑较朝鲜鹌鹑羽色深，喙黑色，爪部关节处有黑色环线。黑羽鹌鹑开产日龄最早为42天，最晚为66天，平均开产日龄为 52.6 天，平均开产蛋重为 8.7 克／枚。黑羽鹌鹑产蛋 10 周龄平均蛋重为 11.2 克／枚，最低为 9.5 克／枚，最高为 14.6 克／枚。开产至开产 15 周龄的平均产蛋率为 81%，开产 1～15 周龄的平均蛋料比为 1：3.0。

2. 肉用鹌鹑品种

(1)法国迪法克 FM 系肉鹑(图 12)　又称法国巨型肉用鹌鹑。由法国迪法克公司育种中心育成，我国于 1986 年首次引进，目前主要分布于北京、江苏两地。初生雏鹌鹑胎毛颜色明显，富有光泽，头部金黄色胎毛直至 30 日龄后才逐步褪去。14 日龄后公鹌鹑胸部长出红棕色羽毛，母鹌鹑则长出灰白色并带有黑色斑点的羽毛，30 日龄羽毛更换为成年羽色。

图 12　法国迪法克 FM 系肉鹑

种鹌鹑生活力与适应性强，性情温驯，种蛋利用期 5～6 个月，4 月龄种鹌鹑平均活重 350 克。开产日龄 38～43 天，年平均产蛋率 70%～75%，蛋重 13.0～14.5 克／枚，平均孵化率 80% 以上。肉鹑 42 日龄平均活重 240 克／只，平均耗料量 800 克／只，肉料比 1：3.3。

(2)法国莎维麦脱肉鹑　由法国莎维麦脱公司育成，体态与羽色基本同迪法克 FM 系肉鹑，但在生长发育与生产性能等方面已超过迪法克肉鹑。据无锡市郊区畜禽良种场鹌鹑分场引种实践，该品种母鹌鹑 35～45 日龄开产，年产蛋 260 枚／只以上，蛋重 13.5～14.5 克／枚，产蛋期母鹑日采食量 33 克／只。在公、母配比为 1：2.5 时，种蛋受精率可达 90% 以上，孵化率超过 85%。初生重 9.1 克／只，成年公鹑体重 250～300 克／只，母鹑 350～400 克／只。肉用子鹑 5 周龄平均体重超过 220 克／只，肉料比为 1：2.8，生产效率与效益可观。该品种适应性强，发病率低，在全国各地普遍受到欢迎。

（3）中国白羽肉鹑　北京市种鹌鹑场、长春兽医大学等单位，相继从迪法克肉鹑中选育出了纯白羽肉用鹌鹑群体，体形同迪法克鹌鹑，黑眼，喙、胫、爪肉色。经北京市种鹌鹑场测定，白羽肉鹑成年母鹌鹑体重200～250克／只，40～50日龄开产，产蛋率70.5%～80%，蛋重12.3～13.5克／枚，每只每天耗料28～30克，90～250日龄配种，受精率为85%～90%。

（4）法国菲隆玛特肉鹑　为专门化肉用配套系，体形硕大，体羽栗褐色（属野生羽型）。父母代种鹑初生重8.5克／只，成年公鹑体重260克／只，母鹑320克／只。产蛋期母鹑日耗料34克／只，年产蛋率76%，蛋重13.9克／枚。种用期前20周，每只种鹑可以获得合格种蛋105枚，孵化雏鹑78只。商品肉鹑初生重9.8克／只，28日龄体重190克／只。

（5）美国法老肉鹑　是美国新近培育的肉用新品种。成年体重300克／只左右，育肥35天后可达250～300克／只，屠宰率高，生长均匀度好。

四、鹌鹑的育种指标

育种指标是培育良种鹌鹑的方向性量化指标，取决于市场需求和原始供种基因库本身的遗传潜力以及当时的科技水平。因此，育种指标对于如何适应与开拓、培育市场来讲，无疑是养鹑业能否持续性发展的决定性因素。

1. 蛋鹑的育种指标

蛋鹑的育种指标主要包括：产蛋性状相关指标，如开产日龄、年产蛋量、初生蛋重、平均蛋重、总蛋重（以入舍母鹑计算）、平均产蛋率、产蛋高峰期产蛋率等；种蛋品质相关指标如蛋壳强度、种蛋合格率、哈夫单位、种蛋破损率等；繁殖性状相关指标，如入孵种蛋的受精率与孵化率、健雏率、0～2周龄的育雏率、3～5周龄的育成率；饲料转化率的相关指标，如总耗料数（千克／只）及平均体重、36～500天耗料量、平均每只日耗料量、蛋料比；产蛋期存活率，死亡原因分类等。

（1）开产日龄　鹌鹑性成熟早，一般都在40～50日龄开产。不同品系的鹌鹑开产日龄有一定差异，同一品系因营养、光照等条件也有所不同。朝鲜鹌鹑开产日龄为40天，北京白羽鹌鹑为45天，黄羽鹌鹑为51天。蛋用鹌鹑开产日龄的计算方法有2种：应用于个体产蛋记录群的以产第一个蛋的平均日龄作为开产日龄，应用于群体记录的按日产蛋率达50%的日龄作为开产日龄，生产中常以后者来估算开产日龄。

（2）平均蛋重　鹌鹑生产性能的测定与计算目前主要参照《国家家禽生产性能的测定方法》和全国家禽育种委员会制定的《家禽生产性能技术指标及计算方法》。关于平均蛋重的测定有 2 种：一是个体平均蛋重，从 10 周龄开始连续称取 3 枚蛋的质量求平均值；二是群体平均蛋重，从 10 周龄开始连续称取 3 天产蛋重除以总产蛋数。在生产中研究发现，鹌鹑开产后 5 周内蛋重变化较大，尤其是开产 2～3 周蛋重变化不稳定，此时测定的蛋重作为一个品种或品系的平均蛋重不具有代表性。一般鹌鹑开产第十周时蛋重趋于稳定。

2. 肉鹑的育种指标

肉鹑的育种指标包括：入孵蛋的受精率与孵化率、健雏率、0～6 周龄育雏率与育成率、5% 和 50% 产蛋率日龄、6～30 周龄产蛋数（以入舍母鹑计算）、平均产蛋率、种蛋合格率、蛋料比、平均每只种鹑或商品母鹑耗料量。

从 10 周龄、15 周龄和 20 周龄种鹑蛋所孵雏鹑中，随机抽取 300 只雏鹑饲养，记录初生重、每周活重、成活率、耗料量、肉料比。肉鹑 21 日龄或 28 日龄或 40 日龄屠宰，测定活重、屠体重、半净膛重、全净膛重，计算胴体率、半净膛率、全净膛率等。

（1）活重　肉用鹌鹑屠宰前停饲 6 小时后的体重，以克为单位。

（2）屠体重　肉用鹌鹑屠宰放血拔羽后的重量，湿拔法须沥干，以克为单位。

（3）屠宰率（半净膛率、全净膛率）　屠体重（半净膛或全净膛）占活重的百分率。

（4）半净膛重　肉用鹌鹑屠体去气管、食管、嗉囊、肠、脾、胰和生殖器官，留心、肝、胃、肺、肾和腹脂的重量。

（5）全净膛重　肉用鹌鹑半净膛屠体去心、肝、胃和腹脂的重量。

（6）料重比　肉用鹌鹑全程耗料量与活重之比。

五、鹌鹑的繁育方法

鹌鹑育种方法主要分为纯种繁育和杂交育种。目前，一般应用比较多的是杂交育种。

1. 纯种繁育

同一品种内的繁殖选育，称为纯种繁育。其目的在于巩固和加强该品种原有的优良特性和生产性能，迅速增加该品种的数量。但要严防近亲交配，避免出现近交衰退导致的生活力下降、生产性能降低等现象。可通过选优、提纯、同质选配等育种手段的不断改进，提高该品种的优良特性，获得较快的遗传进展。

2. 杂交育种

（1）品系间杂交 开展品系间杂交，首先要培育近交品系，按照育种指标要求，建立几个性状各异的近交系，即不同的近交系担负着不同的选育任务。近交系建成后，根据生产需求开展品系配套即品系间杂交。近交系建立的方法首先选择纯种的优良个体进行交配，鉴定后裔的品质和性能，与亲本性状一致的个体留用进行横向杂交，严格淘汰不符合育种指标的个体，连续采用同胞、半同胞进行交配，经过大量的测算和严格的淘汰，就可以培育出高产优良的近交系。近交基本限于4代，第四代雄鹌与其母交配，雌鹌与其父交配，即进行"回交"。这样，即使不引进其他品系，也能保持优良的近交品系。

（2）导入杂交 如果饲养的鹌鹑品种基本性能不错，但在某方面有缺陷，而采用纯种繁育又不易见效，这时可针对性地选择该性状具有明显优势而其他性状也较优良的品种同它杂交，一般只杂交一次，目的是维持原有品种的基本品质，外血含量以 $1/8 \sim 1/4$ 为宜，在第一代杂交群中挑选比较优良的子代和需要改良的鹌鹑交配，如所生后代在原缺陷性状上改良较理想，就可使杂种鹌群闭锁进行自群繁育。

（3）级进杂交 即低产品种雌鹌与优良品种雄鹌杂交，所得的杂种后代雌鹌再与优良雄鹌杂交。一般连续级进 $3 \sim 4$ 代，后代的主要性状基本同优良父本无异，这样就迅速而有效地改进了低产品种。

六、鹌鹑的选种

1. 外貌选择

（1）种公鹌 在后备种鹌群中选择头小喙短、眼大有神、胸宽、胸前羽毛砖红色明显、尾羽短、羽毛紧凑的个体留种。50 日龄时泄殖腔外部有深红色隆起，用手指压迫时出现白色泡沫，常常挺胸昂脖，高声鸣叫，爪足可伸开，无缺陷，以保证今后交配效果好、受精率高。对于那些体形小、发育慢、尾羽长、鹦鹉嘴的个体要及时淘汰。

（2）种母鹌 选择有明确系谱或来源清楚、生长发育良好的个体留种。要求种母鹌头小而圆，目光沉稳，喙短，颈细长，有动静时常常挺脖侧头细听；

羽毛整齐美观，毛色光亮，胸羽中黑斑多而明显，无杂毛，尾羽短；腹部柔软而有弹性，泄殖腔大而湿润；嗉囊部宽大，采食量多，羽毛紧密、完整、色彩明显，活泼，不胆怯，眼睛明亮有神，体态匀称，翅膀、腿和躯体无异常。

2. 表形选择

种公鹌50日龄体重110～125克/只，种母鹌要求50日龄已经开产，体重130～150克/只。体重大于170克/只者，其产蛋性能低，不应做种鹌。要求母鹌腹部宽、耻骨间距宽，高产型初产母鹌鹑的耻骨间距离3厘米（两指），耻骨与胸骨末端的间距4.5厘米（三指）宽。这种检查方法仅对母鹌第一产蛋年可行，母鹌年龄越大，腹腔容积越大，但其产蛋量却越少。

母鹌开产10枚蛋后，蛋重达到标准。从60日龄起计产蛋率，要求5个月内平均产蛋率达80%以上，月产蛋量24～27枚/只以上者留种。年平均产蛋率要达到75%～80%，开产头3个月必须是高产个体，蛋重符合品种标准，受精率和孵化率较高。

选择产蛋性状时，一般不等到一年产蛋之后再行选择，只要统计开产后3个月的平均产蛋率和日产蛋量，符合上述要求即可入选，同时要求蛋壳颜色正常，蛋形、蛋品质好 。经常泄殖腔脱翻的鹌鹑不留作种用。

3. 生产力鉴定

产蛋鹌鹑的生产力指标主要是产蛋数量和平均蛋重。在产蛋旺季，即11～21周龄，月产蛋量必须在 27枚/只以上，年产蛋量260～280枚/只，年产蛋率75%～80%。每个月产的蛋要抽查10枚，平均蛋重要在10克/枚以上。达不到以上标准的鹌鹑不能留作种用。另外，开产日龄超过50天，母鹌鹑体重低于115克/只，种蛋受精率低于50%的也不能留作种用。子鹌的体重也需按期达标。种公鹌除考虑其配种能力与效果外，还要根据其全同胞及半同胞姐妹的产蛋成绩来选择。

4. 系谱鉴定

（1）个体系谱建立 要建立个体系谱，必须对鹌鹑实行一公一母固定配对，单笼饲养，编号登记，每天记录个体产蛋量和蛋重，根据这些记录在全场鹌鹑群中选择出优秀的个体。

（2）群体系谱建立 把所有的鹌鹑分为若干小群，一般以4只公鹌鹑和10只母鹌鹑为一群，观察记录其产蛋、孵化和育雏等情况，并做详细记录，为群体记录法。根据群体系谱记录结果，以小群为选择对象，把繁殖性状优秀、育雏成绩好的小群后代尽量多留种，尤其是这些优秀小群后代群体中个体生长发育优良者优先留种。

编写系谱时通常采用竖式系谱，一般记载 3 代。如果系谱中主要经济性状一代比一代好，说明选种效果好；若结果相反，就应及时淘汰。

5. 后裔鉴定

（1）后裔与父母比较　鉴定蛋用种公鹑的产蛋潜力，就可以用该公鹑与不同的母鹑配种，种母鹌鹑所产的子一代配对繁殖，其女儿们的产蛋量分别与其母亲比较。如果其女儿们的产蛋量均高于各自的母亲，则说明该公鹑为优良者；如果女儿们的产蛋量与各自母亲的产蛋量相差无几，则说明该公鹑为中等者；如果女儿们的产蛋量均低于各自母亲的产蛋量，则说明该公鹑为劣势者。

（2）后裔与后裔比较　在鉴定母鹑繁殖性能优劣时，可以用同一优秀公鹑与配不同母鹑，全同胞女儿们的平均产蛋量最高者其母亲最优秀。

（3）后裔与生产群比较　以选出的种鹌鹑所产的后代的生产性能与场内生产群的平均水平相比，如种鹌鹑后代的生产性能比生产群平均的生产性能高，说明种鹌鹑优良；相反则低劣。

七、鹌鹑的选配

1. 选配方法

（1）品质选配　品质选配主要是考虑公、母种鹑的品质，分为同质选配和异质选配。同质选配就是选择有相似优秀性状的种公鹑和种母鹑交配，以期加强和提高双亲原有的优良品质，高产的配高产的可获得更高产的，在生产中要注意避免近交衰退。异质选配，就是选择有不同优点的种公鹑和种母鹑交配，使双亲的优良品质结合起来遗传给后代，如繁殖潜力高的公鹑与适应强的母鹑配对，期望后代繁殖力高、适应性强；异质选配也可以是以优改劣，如某种鹑有点小缺陷，则选择在该方面表现优秀并在其他方面没有明显缺陷的个体与之交配，这样就克服了该亲本的缺点，提高了生产性能。

（2）亲缘选配　亲缘选配有近亲选配、非近亲选配及杂交选配。近亲选配是指血缘关系极近的兄妹、父女、母子或表兄妹之间的交配。这种选配方法，只能在培育纯系时使用，一般生产场不宜使用，因为近交所产生的后代，其生活力、体重以及繁殖能力往往会降低。非近亲选配，即不是同一个父代的后代之间的交配。杂交，就是不同品种（品系）的公、母鹌鹑的交配，这种方法可在生产场应用。

2. 选配技术

（1）尽量开展杂交 鹌鹑生产中比较常见的交配方式是混合自然交配，即在种蛋来源未做严格系谱记载的情况下，集中进行孵化、育雏，然后按照 3∶1 或者 30∶11 的性别比例进行大群交配。这种方式往往会形成强迫近交，引起衰退，这种衰退虽然在一代中表现不很明显，但连续多代会严重影响种蛋的孵化和雏鹌鹑的质量。西南大学向钏等研究发现鹌鹑全同胞近交降低孵化率与成活率，并使劈叉现象趋于严重，延迟 50% 产蛋率日龄，降低产蛋率和蛋重，提高 120 天未开产率。杂交则能够提高产蛋量、孵化率和雏鹌鹑质量，因此在生产中即使不开展品种、品系间杂交，也一定要细致做好选配工作的落实，尽量使用各种形式的家系间杂交，以提高蛋鹌鹑的生产性能。

（2）注意群体中公、母鹌鹑年龄结构 不同年龄的公、母鹌鹑交配，产生的后代特点不同。老公鹌鹑与年青母鹌鹑交配，其后代多呈母鹌鹑的特点；老母鹌鹑与年青公鹌鹑交配，后代多呈公鹌鹑的特点，这是由于年轻鹌鹑活力旺盛，遗传性强之故。因此，生产中种用公鹌鹑的年龄结构要合理，让 4～6 月龄的种公鹌鹑占较高比例，及时淘汰老龄化公鹌鹑。

八、鹌鹑的引种

1. 引种场要求

种用鹌鹑必须从持有种畜禽生产经营许可证（图 13）的良种场引进，鹑群健康高产，无白痢，不得从疫区和无证场引种，以保证种苗的质量。要求种鹑场具有完整的鹌鹑育种系谱资料记录、日常生产记录（日报表、月报表、年报表）、免疫接种记录等档案资料，保证引进高产后代。

图 13　种畜禽生产经营许可证

2. 种鹑挑选

（1）基本要求 初生雏胎毛色泽鲜艳，1月龄后头部胎毛逐渐消退，成年鹌鹑羽毛富有光泽，体质健壮。留种鹌鹑种源要清楚，无白痢感染，头小而圆，嘴短，颈细而长。两眼大小适中、有神，羽毛丰满有光泽，羽毛颜色符合品种要求，姿态优美，性情温驯，手握时野性不强，体质健壮，无畸形，肌肉丰满，皮薄腹软。成年鹌鹑外貌应符合品种特征。

（2）母鹑要求 羽毛完整，色彩明显，头小而俊俏，眼睛明亮，颈部细长，体态匀称，体格健壮，活泼好动，食量较大，无疾病。产蛋力强，年产蛋率蛋用鹑应达80%以上，肉用型的也应在75%以上。蛋用型成熟雌鹑腹部容积大，体重150克左右为宜，体重超过170克的产蛋力不强。肉种鹑则体重越大越好。腹部容积大，耻骨间有3厘米（两指）宽，耻骨顶端与胸骨末端有4.5厘米（三指）宽，符合上述要求即可挑选。

（3）公鹑要求 公鹑品质的好坏对后代的影响很大。成年公鹌鹑胸部羽毛呈红棕色，雄性特征明显，泄殖腔腺发达，头较大，喙黑亮，喙尖稍弯曲，胸躯发达，两腿结实，趾爪尖锐，鸣声响亮。羽毛覆盖完整而紧密，颜色深而有光泽。体质健壮，头大，喙色深而有光泽，吻合良好，趾爪伸展正常。眼大有神，叫声高亢响亮，声长而连续。体重标准，蛋用公鹑在115～130克／只，肉用公鹑250～280克／只。泄殖腔腺隆起，如手按压有白色泡沫出现（一般公鹑到50日龄会出现这种现象），说明已发情，具交配能力，符合上述要求即可选留。

3. 种鹑出场

种鹑出场必须附有种畜禽合格证。种鹑出场调运前，按国标规定进行检疫，异地引种需要办理出境动物检疫合格证明。运载工具装运前按国标规定进行清洗消毒，办理畜禽运载工具消毒证明。

4. 种鹑运输

随着养鹑业的发展，20～40日龄的种鹌鹑便于饲养，受到引种者的欢迎。为了保证运输方便与安全，种鹑的包装非常重要。可采用钙塑瓦楞纸制成的鹌鹑运输箱（图14），此种运输箱下底大，上面小，五面均有通气孔，上面四角和中间还有十字形支撑，所以重叠在一起运输，能保持通气良好。内分4格，每格内视气温的高低放20～40日龄鹑10～15只，一箱放40～60只。也可以使用可重复利用的周转笼，要求通风良好，防止鹌鹑闷死。寒冷季节运输时防止鹌鹑冻死，炎热季节防止鹌鹑热死。周转笼装车放置要稳定，防止颠簸摇晃压死鹌鹑。运送鹌鹑时要带好检疫证、消毒证等必需证件，运送途中要适时地检查鹌鹑的行为表现，要平稳、快速、安全地把鹌鹑送达目的地。

图 14　运输箱

小知识

鹌鹑的繁殖特点

1. 配种年龄

鹌鹑在 40 ～ 45 日龄达到性成熟，开始产蛋。种鹑开产后 10 ～ 15 天就可以进行公、母交配。刚开产的鹌鹑产的蛋个小、受精率低、畸形蛋比率较高，不适合孵化，只能作为商品蛋销售。在 60 ～ 70 日龄时，产蛋率达到 80% 以上，达到合格种蛋的要求，才能孵化出健康的雏鹑。雌鹑的配种年龄为 3 月龄至 1 年，雄鹑以 4 ～ 6 月龄最好。但实际饲养中，50 ～ 60 日龄的雄、雌鹑开始配种繁殖，繁殖期 1 年，年年更换。鹌鹑的早晨和傍晚性欲最旺，交配后受精率最高，以早上第一次喂饲后让其交配最好。如进行人工孵化，则一年四季均可让鹌鹑交配繁殖。

2. 自然交配

鹌鹑个体小，目前生产中仍然以自然交配的方式进行繁殖，人工授精技术在研究阶段，在生产中没有利用。交配方式有：

（1）单配或轮配　按照 1 公 1 母或者 1 公 4 母配比，每天在人工控制下进行间隔交配。此种配种方法费工费时，只在育种中使用。

（2）小群配种　将2只公鹌、5～7只母鹌放入小群配种笼中饲养。此种配种方法可以获得较高的受精率，但不适合大规模扩繁和在育种场采用。

（3）大群配种　将15只公鹌、45只母鹌放入大的配种笼中饲养，在生产中常用此配种方法，公、母配比为1∶3。这种配种方法能够保持较高的受精率，管理方便，饲养效率高。注意在配种前，应先将公鹌放入种鹌笼中，使其熟悉环境，处于优势地位，然后再放入母鹌，可以提高交配的成功率和种蛋的受精率。

3. 种用期

为了提高鹌鹑种蛋的孵化率和雏鹌的成活率，刚开产的种鹌所产的蛋不适合孵化，当作一般的商品蛋销售。当产蛋率上升到80%以上时，开始收集种蛋，进行孵化。从产蛋率80%以上计算，蛋用种鹌的利用期为8～10个月，肉用种鹌为6～8个月。过了适宜的种用期，鹌鹑的产蛋量下降较快，而且种蛋合格率下降。因此，种用鹌鹑最多饲养1年，第二年要重新培育新的种群进行繁殖。有些地方饲养的种鹌达到2～3年，会影响到种苗的质量。

4. 无就巢性

就巢孵化是野生禽类进行繁殖的本能，但家养鹌鹑经过人类的长期驯化，产蛋性能得到了大幅度提高，已经丧失了就巢性。因此，现代鹌鹑生产必须进行人工孵化才能完成繁殖后代的任务。

专题三
鹌鹑人工孵化技术

专题提示

1. 鹌鹑的孵化方式。
2. 鹌鹑孵化场的要求。
3. 孵化室的准备。
4. 孵化器的调试。
5. 鹌鹑种蛋的选择。
6. 鹌鹑种蛋的收集与保存。
7. 孵化条件。
8. 鹌鹑种蛋的消毒。
9. 孵化的日常管理。
10. 选雏及分装。
11. 初生鹑的雌雄鉴别。
12. 孵化过程中的应急处理。

一、鹌鹑的孵化方式

鹌鹑的传统孵化工艺与方法很多，但自动化程度低，劳动强度大，不适合大批量生产。现代规模化鹌鹑孵化普遍采用机器孵化法，孵化器孵化量大，便于操作，易于管理，大大提高了工作效率，而且孵化率也高。鹌鹑机器孵化的孵化设备（图15）与其他家禽基本相同，只是孵化器的容量、蛋盘的规格有所差异。鹌鹑孵化蛋盘栅条间距只有2.5厘米，比鹌鹑蛋的横径略小。孵化器蛋架车蛋盘间距也小，因此同样大小的孵化器，孵鹌鹑种蛋的数量是孵鸡种蛋数量的2.3～2.5倍。

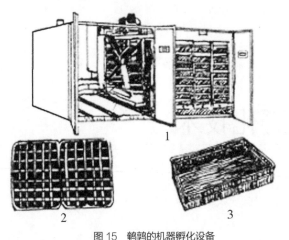

图 15　鹌鹑的机器孵化设备

1. 全自动电脑孵化器　2. 孵化蛋盘　3. 出雏盘

二、鹌鹑孵化场的要求

1. 合理设计

孵化场的设计应工作效率高、有利于隔离消毒。孵化车间设计有足够的空间，方便蛋车进出与人员的流动。孵化车间要有良好的通风系统，避免空气交叉污染，光线要充足，方便生产管理。配备发电机房，发电设备运行良好，以备停电时启用。

2. 合理布局

孵化场清洁区与污染区应严格分开，从种蛋到鹑苗流程只能朝一个方向走，不能逆向。孵化厅禁止无关人员进入。所有工作人员进入孵化厅之前，必须淋浴洗澡，并更换干净的靴、帽、工作服。孵化场用水量大，排水系统很重要，冲洗间的布局要合理，下水管道要适合废水的排放。

3. 通风良好

空气不足、二氧化碳水平增高会导致孵化率下降、健雏率下降。进入孵化厅的空气应干净并经过过滤，不能有贼风，排气口应远离新鲜空气的入口以免污染厅内空气。孵化器和出雏器在运转期间，切忌将门长时间敞开，这对胚胎的发育极其不利。

4. 水质优良

孵化用水的质量十分重要，为确保获得良好的水质，应达到以下条件：无杂质（使用 10 微米的过滤器）和细菌，不含铁、锰、氧硫化物，可溶解的总固化物应低于 10 毫克／千克，pH 为 6～8，水质硬度低于 2 毫克／千克，可溶解的有机物低于 2 毫克／千克。

5. 孵化厅内空气卫生

新鲜空气是孵化厅内最好的清洁剂，要制定并严格遵守卫生消毒程序，减少孵化厅内病原微生物的含量。通风系统的工作性能直接影响孵化率，废气管与进气管相距要求在 20 米以上。

三、孵化室的准备

鹌鹑孵化需要专用孵化室，创造稳定的孵化环境。

1. 孵化室容量要求

首先，应根据孵化量大小，来确定预购置孵化设备的类型和数量。如果规模大，蛋源稳定充足，采用大型孵化设备当是最佳选择。反之，采用中小型孵化机。机型与数量的确定同时意味着孵化室各功能间的结构形式、面积大小的确定（当然也应考虑到生产规模的扩大，留有一定的扩展空间）。因为过小，则会造成空间狭窄，给以后生产流程带来不便，影响生产效率；过大，则必将造成前期投资的浪费及日后运行费用过高。

2. 孵化室房舍功能分配

孵化室用房包括更衣室、淋浴间、种蛋库、熏蒸间、孵化间、出雏间、冲洗间、存发雏间等。各功能间应以种蛋的入库、消毒、存放、入孵、出雏、冲洗、发雏的顺序排列，以利于工作流程的顺畅和卫生防疫工作的进行。各通道之间应设置地面消毒池。蛋库的面积与种蛋数量应成一定的比例。消毒间应加装一定风量的排气扇，确保消毒后的余气迅速排出。

3. 建造要求

屋顶要铺防水材料以防漏雨，下面再铺一层隔热保温材料，夏季能有效防止室内高热，冬季便于保温，天花板不产生冷凝水滴。孵化场的天花板、墙壁、地面最好用防火、防潮、既便于冲洗又便于消毒的材料来建造。地面和天花板的距离以 3.4 ～ 3.8 米为宜。地面要平整光洁，便于清洁卫生和消毒管理。在适当的地方设下水道，以便冲洗孵化室。

孵化器离墙壁的最小距离为 0.5 米，孵化器前面应留有 3 米宽度的走道，以便于蛋车进出孵化器等操作。地面设排水沟，盖上铁栅栏，栅孔宽度不大于 15 毫米。孵化室应安装空调设备，室内温度应保持在 20 ～ 27℃，相对湿度保持在 55% ～ 65%。孵化室还应有良好的通风排气设施，目的是将孵化器中排出的高温废气最大限度地排出室外，将新鲜空气吸入室内。

4. 孵化室通风设计

通风换气系统的设计和安装不仅要考虑为室内提供新鲜空气和排出二氧化碳等有害气体，同时还要把温度和湿度协调好，不能顾此失彼。因各室的情况不同，最好各室单独通风，将废气排出室外。至少孵化室与出雏室应各设一套单独通风系统。出雏室的废气排出之前，应先通过带有消毒剂的水箱后再排出室外。否则带菌的绒毛散布孵化车间和其他各处，造成大面积的严重污染。

四、孵化器的调试

在入孵前一天要对孵化器进行全面检查，试机前一定要检查火线和地线是否连接可靠。

1. 检查温度、湿度系统

孵化器水银导电表是作为第二套备用控温系统用的，应将水银导电表调到39.5℃。仔细观察水银柱有无断裂，手握水银探头看水银柱是否上升。门表使用前进行校正，可将几支门表和标准温度计同时置于温水中(最好是37.5℃左右温水)，看所有的表显示的温度是否一致。打开孵化器控制柜，检查各种接线是否牢固，清除箱内灰尘，然后开机30分，检查各种功能键是否正常(在刚开机时由于湿度探头上沾有水珠，可能湿度显示00，请不要误认为是控湿显示有故障；待开机30分后，探头上的水珠消失后，即可恢复正常)。功能检查完之后，将温度设定调到38.8℃，相对湿度设定调到65%，风门打到"关"挡，让其升温，一般4～6小时应升到所需的温度。

2. 检查大风扇的转速和方向

经多年实践证实，这是一个极易被孵化场所忽视的问题，以为只要转了就行，往往在改接电源线路或更换大风扇电机后，极易发生大风扇反转，造成不良孵化效果(注意：大风扇一定要向机门前转，如果向后转应将电机进行的三相电调换一根线)。由于大风扇带被拉长变松，造成皮带滑动，转速变慢，风力不够，影响孵化场温度均匀性，这时应当移动大风扇底座位置，让皮带拉紧，保证转速正常。

3. 检查翻蛋系统

按手动翻蛋键，看翻蛋系统是否正常运转，然后将翻蛋键置于自动位置。检查翻蛋减速器的油面高度，如果低于油尺应及时补油，检查翻蛋的蜗杆轮、蜗咬合是否合适，每 3 个月应用油清洗，再涂加新的黄油。

4. 检查蛋车

孵化过程中，种蛋在蛋架车上的时间是 15 天。蛋架车的性能情况，直接大幅度地影响孵化率。检查维修必须制度化。①冲洗干净后的蛋架车，由维修人员检查各个部位是否正常，转动部位加润滑油，每个螺钉都要检查到。②上蛋后，要进行负载检查，检查蛋架车有无销钉断裂，蛋架车的插杆是否弯曲变形。

五、鹌鹑种蛋的选择

1. 种蛋来源

选择产出 1 周内，蛋壳清洁、花斑明显、大小适中、蛋形正常的种蛋。种蛋都应来自产蛋多、蛋质好、没有任何疾病的种鹑群，因为有一些传染病会通过种蛋垂直传播给雏鹑，造成雏鹑出壳率下降，成活率降低。其中鹌鹑白痢对孵化的影响最大，种鹑一定要进行白痢的净化。

2. 蛋重要求

蛋重对鹌鹑的孵化率影响较大，了解鹌鹑蛋增重规律，对种蛋的选择具有指导意义。研究认为，禽类蛋重与初雏重之间呈正相关，蛋重越大，初生雏体重越大，但太大的蛋受精率、孵化率均低于正常水平。因此鹌鹑种蛋要求大小适中，一般要求蛋用品种 10.5 ～ 12.5 克，肉用品种 14 ～ 16 克。

3. 蛋形要求

蛋形指数是种蛋选择时需要考虑的一个重要指标，但实际挑选种蛋时并不进行蛋形指数的测定，主要靠经验来判断，过长、过圆、过大和过小的蛋一般作为畸形蛋淘汰。

4. 蛋壳颜色与质量

不同品种、品系的鹌鹑种蛋颜色大小略有区别，颜色斑点应符合品种、品系要求。蓝色、青色、白色或茶褐色的种蛋不能孵化，是老鹑、病鹑所产。蛋壳破损，严重粪便污染的种蛋应淘汰。沙皮蛋结构特别粗糙，蛋壳较薄，孵化过程中水分蒸发过快，胚胎容易脱水死亡。鹌鹑蛋壳不同斑纹见图 16。

图 16　鹌鹑蛋壳不同斑纹

六、鹌鹑种蛋的收集与保存

1. 种蛋收集

(1)增加种蛋收集次数　常温下每天至少收集种蛋 4 次。收集种蛋的准确时间取决于开灯和喂料时间，一次收蛋超过日产蛋总数 30％时应增加集蛋次数；天气过冷或过热时增加集蛋次数，达到 6 次。

(2)净蛋与脏蛋不能混装　收集种蛋应使用消毒后的蛋筐，发现粪便污染的脏蛋要单独分开放置，脏蛋是不能当种蛋销售或孵化的。每次收集种蛋的同时不要拣死鹌鹑，以免造成交叉污染；如舍内粉尘太大，种蛋上应有遮盖。

(3)收集种蛋前手的消毒　收集种蛋的工作人员每次收集蛋前需洗手并消毒。

2. 种蛋保存期

种蛋的储存时间愈长，所需的孵化时间愈长而且孵化率愈低。一般情况下，种蛋储存 3 ～ 5 天最好。夏季存放不过 7 天，冬季不超过 10 天。在夏天要有专用蛋库，并及时入孵。

3. 种蛋保存条件

正常情况下，蛋库应保持在 18℃，相对湿度在 75％～ 80％，如要延长种蛋储存时间，温度应略低一些。种蛋入库前应让其自然冷却 1 ～ 2 小时，种蛋的储存温度一般保持在 17 ～ 20℃，相对湿度一定要达到 70％以上；当存储时间超过 7 天，一般的存储温度在 13 ～ 15℃为宜。

4. 保持种蛋库清洁

每周用消毒剂擦洗蛋库顶棚、墙壁和地面。蛋库天花板应距所储存的种蛋 1.5 米，应为蛋库连续不断地提供流动空气，种蛋储存时应避免气流直接吹向种蛋。储蛋间应配加湿器，并每周用消毒剂擦洗消毒。防止种蛋暴露在阳光下或受蚊子、苍蝇污染的地方。

5. 避免种蛋出汗

种蛋表面凝结小水珠称出汗，种蛋一旦出汗，细菌很容易侵入。不要将尚且温暖的种蛋装箱，应在种蛋冷却 12～24 小时后再进行包装，以防种蛋出汗。蛋库中应备有准确的温度计和湿度计，并每月至少校对一次确保其准确性，每天至少 4 次记录其温度和相对湿度；蛋库温度不可波动太大，不正确的湿度易造成种蛋出汗。

6. 蛋库管理要求

（1）蛋库条件　蛋库保温应良好，湿度适宜，并保持合理的通风。储蛋间种蛋上方的空气流动应尽量保持为零，储蛋间中的风扇只能使用搅动风扇，搅动风扇将气流吹向屋顶。

（2）种蛋及时入库　发育中的胚胎在温度低于 26℃时，细胞分裂速度明显减慢，21℃时细胞分裂完全停止（胚胎细胞开始停止分裂的温度为生理零度）。如产蛋后细胞分裂持续时间超过 5 小时，种蛋的孵化率就会由于早期胚胎死亡率的增加而降低。

（3）蛋壳表面细菌检查　从每个蛋箱中随机抽取 6 枚种蛋，将种蛋大端在标准的营养琼脂盘上转动，盖好盖，将培养皿放入运转中的孵化器内，培养 24 小时并检查细菌数，培养 48 小时并检查霉菌数。

（4）做好详细记录　种蛋应标明群次和产蛋日期并记录入孵时的蛋龄；不同蛋龄分开存放，存放时间不应超过 7 天。事实证明，种蛋储存期超过 7 天后，每增加 1 天的存放，孵化时间相应增加 20 分，孵化率降低 0.5%～1%，同时会增加雏鹌淘汰的数量。

七、孵化条件

1. 温度

温度是鹌鹑孵化最重要的外因条件，它决定着胚胎的生长发育与生活力，并与孵化率与健雏率密切相关。目前鹌鹑孵化普遍采用整批入孵、变温孵化方式，孵化温度逐渐降低，应掌握"前高、中平、后低"的原则。孵化 1～6 天为 39.0℃，7～10 天为 38.4℃，11～15 天为 38.0℃，15～17 天为 37.5～37.2℃。

如果种蛋数量有限，采用一个孵化器分批入孵的方法，则必须采用恒温孵化。每隔 5 天入孵一批，空箱入孵第一批鹌蛋时，孵化温度为 38.3～38.6℃；第二批入孵后，则采用 37.8℃恒温孵化（以后加入各批鹌蛋均以此温孵化）；15 天时第一批落盘，即入孵蛋由孵化盘转入出雏盘继续孵化出雏，出雏阶段孵化温度为 37.5℃。

2. 湿度

湿度是孵化必须满足的重要条件之一。孵化湿度影响到鹌蛋内水分的蒸发与物质代谢。鹌蛋蛋壳较薄，水分容易蒸发散失，一定要掌握合理的湿度。一般湿度的控制，孵化阶段为 60%，出雏阶段为 70%。出雏阶段提高湿度有利于雏鹌散热和啄壳，保证良好的出雏效果。实践证明，15 天落盘后，每天用喷雾器喷洒温水雾于鹌蛋表面 1 次，可以提高出雏率。

3. 翻蛋

翻蛋是重要的孵化技术措施。通过翻蛋，可以保证胚蛋各部位受热均匀，有利于胚胎的发育，防止胚胎与蛋壳粘连，还可以促进胚胎运动，提高活力，保证正常的胎位。一般要求孵化阶段每天翻蛋 12 次，机器孵化自动翻蛋，翻蛋角度 90°，落盘后停止翻蛋。

4. 通风

随胚胎日龄的增加，需要的氧气量及排出的二氧化碳量逐渐增多，应做好孵化器内的通风，以补足氧气，排出二氧化碳，特别是孵化的中后期尤应注意，否则会发生死胚多、畸形鹌多的现象。孵化初期可关闭进、出气孔，中后期要逐渐打开风门挡板，加大通风量，尤其是孵化 13 天以后，更要注意换气、散热。通风不良会造成胚胎发育停滞，或胎位不正，或导致畸形，甚至胚胎死亡。

5. 晾蛋

在孵化过程中，胚胎发育到中后期会产生大量的热，当孵化温度偏高时，应先行晾蛋，不能立即翻蛋，使温度趋于正常后方可翻蛋，以减少死胚率。晾蛋可以更换孵化器内的空气，降低机温，排除机内污浊气体。而较低的气温可以刺激胚胎发育，并增强雏鹌将来对外界气温的适应能力。一般每天需要晾蛋 2 次。晾蛋的时间因不同的孵化时期、不同的季节而异。孵化初期及冬天，晾蛋时间不宜长；孵化后期及夏天，晾蛋时间稍长。一般晾蛋时间为 10～20 分，晾蛋至蛋温下降到 30～35℃即应停止。

八、鹌鹑种蛋的消毒

种蛋的消毒工作非常重要，除了在鹑舍分拣人员选蛋后要进行第一次消毒，入孵前还要进行第二次消毒，以确保孵化过程中种蛋不被细菌污染。

1. 甲醛熏蒸消毒

甲醛熏蒸消毒是目前常用的消毒方法，第一次用3倍浓度熏蒸，即每立方米空间用42毫升福尔马林加21克高锰酸钾，熏蒸时间20分，然后放入种蛋库保存。熏蒸温度在20℃以上，相对湿度为60%～80%，熏蒸完成后立即将熏蒸容器撤除，打开排风风机排尽消毒气体。熏蒸消毒间应设在蛋库旁，消毒间的体积略大于每次消毒的最大蛋量体积，并留出消毒装置的放置空间即可。消毒间一定要设置排气扇，每立方米空间其排气扇的每分流量大于20米^3，以快速抽净熏蒸气体。第二次熏蒸消毒在入孵前进行（箱体式孵化器在孵化器内进行，巷道式在熏蒸室内进行），2倍浓度熏蒸，即每立方米空间用28毫升福尔马林加14克高锰酸钾，熏蒸时间20分。

2. 喷洒法

用1∶1 000的新洁尔灭喷洒或用0.5%过氧乙酸进行喷洒，喷洒时消毒药应覆盖种蛋表面。此法在规模化生产中不适用，只适合小批量生产。

3. 浸泡法

种蛋消毒可用0.1%新洁尔灭溶液或0.01%高锰酸钾洗蛋，水温38～40℃，时间3～5分。

九、孵化的日常管理

1. 鹌鹑的孵化期

鹌鹑的孵化期为17天。其中，1～14天为孵化阶段，15～17天为出雏阶段。孵化阶段需要放置在孵化蛋盘中，大头向上码放，通过改变蛋盘在孵化器中的角度来完成翻蛋任务。出雏阶段将种蛋转到出雏盘中，停止翻蛋。

2. 码盘（图17）

将鹌鹑种蛋放到孵化盘上的过程称为码盘。码盘要剔除破壳蛋、裂纹蛋等不合格种蛋；将合格种蛋大头向上放置在孵化盘上，也可以45°斜放或横放，但切忌小头向上码盘，因为容易造成胎位不正，出雏困难，使死胚增加。

图 17　鹌鹑种蛋码盘

3. 种蛋预热

入孵前要对鹌鹑种蛋进行预热处理，因为种蛋库的温度只有 18℃，如果晾蛋直接放入孵化器内，由于温差悬殊对胚胎发育不利。预热还可以防止种蛋表面凝结水汽而影响入孵后种蛋的熏蒸消毒效果。实践证明，预热对存放时间长的种蛋更为有利，可以提高孵化率。预热的方法是将码放好的蛋架车推入孵化室中，在 25℃ 的孵化室内预热 6 ～ 8 小时。孵化室温度越高，预热时间越短。冬季预热时间长，夏季预热时间短。

4. 种蛋入孵

入孵操作，推蛋架车要轻、稳、平。卫生清扫由专人负责，连接部位要连接好，翻蛋连接头要插好。

入孵操作：①首先要使翻蛋架的固定杆上的孔和滑杆上的插孔处在同一条垂直线上。②推入孵化车，使上下两根杆都能插入上、下插孔中，先用力推到底。③将挡车销放入导轨槽中，在导轨槽中已有放挡车销的横向孔，正好在蛋车后轮的底部位置。④放好挡车销后一定要将蛋车向后拉一拉，让蛋车后轮压住挡车销。

然后打开电源，开动风扇开关，设定孵化的各设定值，测试孵化器的温度与湿度，门表温度要与显示温度相符。开机升温后每隔 30 分后记录一次温度、湿度、翻蛋、风门等数据，温度正常后每 2 小时观察记录一次，直到 17 天出雏完毕。

5. 入孵消毒

将码好蛋的蛋架车推入孵化器中，关好门，开机升温。当机内温度升高到

27℃、相对湿度达到 65％时，进行入孵消毒。方法为甲醛熏蒸法，孵化器每立方米空间用福尔马林（40％的甲醛溶液）30 毫升，高锰酸钾 15 克，熏蒸时间 20 分。然后打开排风扇，排出甲醛气体。

也可以采用浸泡消毒法，将码好蛋的孵化盘浸入消毒溶液中 3 分，然后取出孵化盘晾干水分后入孵。浸泡消毒法操作简单，特别适合小规模鹌鹑孵化和分批入孵。消毒溶液一般有 0.01％的高锰酸钾，0.3％的新洁尔灭。其他如季胺化合物、次氯酸盐也可以。注意消毒溶液温度控制在 39℃左右。

6. 温度、湿度调节

入孵前要根据不同的季节和前几次的孵化经验设定合理的孵化温度、湿度，设定好以后，旋钮不能随意扭动。孵化开始后，要对孵化室温度和湿度、机器显示温度和湿度、门表温度和湿度、翻蛋情况进行观察记录（表 5）。一般要求每隔 1 小时观察 1 次，每隔 2 小时记录 1 次，以便及时发现问题，并尽快处理。孵化器要求 24 小时值班，孵化人员要尽心尽责。

表 5　鹌鹑孵化条件记录

孵化器__号　胚龄__天　__年__月__日

时间	温　度（℃）			相对湿度（％）			翻蛋	备注	值班人员签名
	机显	门表	孵化室	机显	门表	孵化室			
0：00									
2：00									
4：00									
6：00									
8：00									
10：00									
12：00									
14：00									
16：00									
18：00									
20：00									

7. 孵化器风门调节

孵化器顶部有 3 个通风孔，通称为风门。最中间一个为进气口，两侧为排气口。孵化前 3 天，关闭所有风门。从第四天起逐渐打开风门，4～7 天打开 1/4，8～11 天打开 1/2，12～15 天打开 3/4，16～17 天全部打开。

8. 落盘

孵化到 15 天结束，将胚蛋从孵化盘移至出雏盘中，然后将出雏盘放入消毒好的出雏器中，停止翻蛋，降低温度，提高湿度，等候出雏，这个过程称落盘。

（1）落盘时间　孵化的 15 天，是鹌鹑胚胎由尿囊膜呼吸转为肺呼吸的时期，是鹑胚发育的第三个死亡高峰期。这时鹑胚最好不要受到震动，有经验的孵化员在 14 天时将孵化器中的孵化车处于水平位置，往外拉出 5 厘米，使翻蛋车插杆与翻蛋架脱开，停止翻蛋。

（2）及时落盘　当有 1% 的胚蛋已啄壳，去除无精蛋、臭蛋、破蛋及裂蛋，尽快将种蛋从孵化器转到出雏器，以避免受寒而造成胚胎发育中止。落盘时应倍加小心，持稳蛋盘，以免造成蛋壳破裂。被淘汰的种蛋应立即处理，避免不必要的污染。

（3）落盘前清洗消毒出雏器　温度、湿度达标后，按 3 倍量甲醛熏蒸出雏器 20 分后通风，雏鹑啄壳时会释放出大量细菌，因而应避免鹌鹑在孵化器中啄壳。每次出雏后对出雏器中加湿器进行清理。

（4）落盘方法　落盘就是将胚蛋从孵化盘上转到出雏盘中，一般由两个孵化员用手工倒盘。倒盘方法是，一人用一只手拖住孵化盘，将出雏盘罩在孵化盘上，待出雏盘的底与胚蛋接触后，另一只手扶住出雏盘轻轻地翻转过来，使胚蛋落入出雏盘内，取出孵化盘，然后用手轻轻地将出雏盘的胚蛋抚摸一下，使所有种蛋处于平放状态。落盘的蛋要平放在出雏盘上，蛋数不可太少，太少温度不够；但也不能过多，过多容易使热量难以散发及新鲜空气供应不足，导致胚胎热死或闷死。

（5）继续孵化　落盘后，检查出雏筐是否扣合，有无破损的出雏筐，用封箱胶带封好小的破口。将落好盘的出雏车推入出雏机，推入前关闭机器，推入后开动机器，检查运转有无异常，关闭机器门。每落完一箱，清洗消毒双手。

9. 出雏

如果孵化条件恰当，种蛋孵至 16 天开始啄壳出雏，17 天为出雏高峰，持续 12 小时出完。鹌鹑出雏时要保持机内温、湿度的相对稳定，并按一定时间拣雏。等到雏鹌出壳 80% 以上时打开机门拣雏一次，最后再拣雏 1 次，彻底清理干净，清扫消毒孵化器。从雏鹌啄开蛋壳到蛋壳完全破裂出来，需要 12 小时左右。过了这个点出不了的就淘汰了。①稳定温度，不能降温，保证相对湿度在 70% 以上。②杜绝出雏期间打开机门观察出雏情况，可通过观察窗进行。③出雏室内的温度提高到 25 ～ 28℃，以免拣雏后雏鹌受寒死亡。

（1）准备工作　根据出雏情况，合理安排拣雏顺序。拣雏前半小时，将拣雏厅用 2% 的氢氧化钠溶液消毒一次。准备好相应的雏鹌盒。

（2）适时拣雏　雏鹌刚出壳时全身湿透，且很疲劳，但几小时后，羽毛干燥，体力恢复，雏鹌即会乱蹦乱跳，异常活跃。当出雏超过 80% 时，应将已出壳的雏鹌拣出，以防止尚未孵化出雏的胚蛋受到它的干扰。拣雏太晚，将导致雏鹌脱水而降低品质。及时出雏的雏鹌与晚出雏的比较，体重会有明显提高，死亡率也会明显降低。

（3）拣雏操作　拣雏速度要快。每个运雏盒分 4 格，每格内装 25 只，根据雏鹌质量标准严格选雏，每箱 102 只。运雏箱放于 28℃、相对湿度 70% 的暂储室内，出雏后的雏鹌要立刻接种马立克疫苗。未出壳的蛋重新放入出雏器内继续出雏。关闭出雏器电源，打开机器门，将跑出筐外的雏鹌拣出，拉出出雏车。对于破壳处发黄、羽毛变干、尿囊枯竭的蛋要人工助产。人工助产时将鹌鹑的头拉出，让其自行脱去下部蛋壳。出壳完毕后，蛋壳和雏鹌分开放置，并尽快将蛋壳送到室外。

（4）雏鹌挑选　自别雌雄配套系鹌鹑，出壳后根据羽毛颜色应公、母分开销售，并且严格按照标准挑选健雏、弱雏和残雏，分类处理。挑选结束后，将雏鹌放在雏鹌存放间（按雏鹌的保存管理办法执行）。出雏完毕后将经过第一次初选的健雏再细致挑选一遍，将不符合健雏标准的雏鹌挑选出来，将初选出的残弱雏再挑选一遍分级，挑选结束后，孵化主任会同发雏人员清点好雏鹌总数，报销售部门。

（5）雏鹌存放　出壳后的雏鹌不宜在出雏器内时间过长，不然会脱水死亡，应在最短的时间里将雏鹌运到育雏舍。雏鹌在孵化器内的温度为

37.2～37.5℃，因而取出的雏鹑不能直接放于冷的地方，而应将其放在温暖的休息室内，让其充分休息和恢复体力。如果鹑苗要外运，将雏鹑装入运输专用箱内，及时运出。无论是育雏箱内还是运输专用箱内，都不能铺垫光滑的纸类。因为雏鹑在光滑表面上难以站稳，两脚极易打滑叉开，日久鹌鹑的脚就会变成畸形。最好铺上粗棉布。

10. 清盘

出雏后的蛋壳、"毛蛋"、垫纸等要及时清除干净，然后将孵化室、孵化器、蛋盘等冲刷干净、晾干，在第二次使用前重新进行消毒。每次出雏之前要对出雏器和出雏室进行清理和消毒，用平板培养方法监测表面清洁程度。雏鹑未发完之前，不能开始清理工作。

11. 孵化成绩评定

准确清查出雏数量，统计出雏成绩。出雏结束后，对孵化设施进行清理、清洗和消毒，统计分析孵化成绩，总结经验教训，以利进一步提高孵化成绩(表6)。

表6　孵化成绩统计表

批次	品种	种蛋来源	入孵日期	入孵数	出雏数	健雏数	弱雏数	孵化率	健雏率	备注

十、选雏及分装

1. 健雏标准

同批体形大小均匀、整齐，绒毛丰满、柔软，而且全群整齐。绒毛洁净有光，腹部平坦。脐带愈合良好、干燥，而且被腹部绒毛覆盖，肛门处绒毛无污染，无盯脐。雏鹑站立稳健有力，叫声洪亮，对光、声音反应灵敏。初生重是蛋重的60%左右(蛋鹑平均重6.3克/只，肉鹑平均重8.4克/只)，要剔除所有体重过轻的雏鹑。

2. 弱雏特点

凡精神不振、站立不稳、叉腿、弯趾、跛脚、有外伤、关节红肿、麻木不立、爪白者均视为弱雏。此外，脐部裸露、红肿、结块、有血印、发青、变绿、有盯脐者也视为弱雏。

3. 选雏程序

选雏人员洗手消毒，按标准分装鹌鹑苗。每盒中雏鹌要分布均匀，不能超过2只，经过挑选后健雏中弱雏数量不超过1%。苗盒上记录选雏人员的工号、种蛋来源场、区棚号、孵化器编号、出雏日期等内容。质检人员对每箱雏鹌复查核实，检验后封盖、固定。苗鹑进雏鹌盒后放4～6小时，等苗鹌硬朗后再发货。放置高度为8层以下并要有间隙。苗盒在雏鹌间码放应合乎要求，冬季以保温为主，夏季以散热为主。

十一、初生鹌的雌雄鉴别

初生鹌个体太小，很难用翻肛法进行鉴别，大多数品种初生时不进行鉴别。我国的科研工作者培育出羽色自别雌雄配套系，可以方便地进行鉴别。用中国隐性白羽鹌鹑公鹌或黄羽公鹌与有色羽母鹌交配，后代出壳可按羽色自别雌雄，有羽色为公鹌（白羽配套系）或深色羽为公鹌（黄羽配套系）。

1. 中国白羽 × 朝鲜龙城

由原北京市种鹌鹑场培育的世界首创的鹌鹑自别雌雄配套系，即用白羽公鹌与朝鲜龙城母鹌交配，子一代即可根据羽色鉴别公母，即栗羽为公、浅黄色为母鹌（后变为白色），准确率98%以上。该品种虽有着诸多的优点，但因当时育雏期成活率太低的原因一直未能推广。北京市种鹌鹑场转产以后，石家庄中禽种鹌鹑场在育雏期成活率上取得了重大突破，育雏期成活率达到了95%～97%。

2. 中国黄羽 × 朝鲜龙城

由南京农业大学培育成功的自别雌雄配套新品种，用中国黄羽公鹌与朝鲜龙城母鹌交配，子一代黄羽为母、栗羽为公，生产性能与朝鲜龙城相近，育雏期5日龄成活率为98%。

3. 正反交都可自别雌雄的品种

该品种1997年由中禽种鹌鹑场培育成功，用中禽白羽与中禽黄羽交配，无论是正交还是反交，子一代都可根据羽色自别雌雄，且准确率98%以上。

用白羽公鹑与黄羽母鹑交配，子一代栗羽为公，白羽为母；反交则栗羽为公，黄羽为母（图 18）。

图 18 羽色自别雌雄（左雌右雄）

十二、孵化过程中的应急处理

1. 控温失灵

每台孵化器应备有一套应急控温系统，就是在控制柜背后的那支水银导电温度计，该水银导电温度计平时是做超高温报警用的，调到 39 ～ 39.5℃。一旦听到报警，请打开控制柜，将柜内的应急开关置于"应急"位置，把水银导电温度计调到所需要设定的温度值，然后就会由水银导电温度计来进行温度控制。处在"应急"状态下工作的机器，应观察门表的温度，控制柜上的数显温度已不起作用，不要作为控温依据。

2. 加湿不停

一旦出现加湿不停、严重超湿的情况，可将加湿机和加湿减速器之间连接皮带去掉，停止加湿。

3. 翻蛋失灵

自动翻蛋失灵，可用手动翻蛋，2 小时 1 次。如果手动也失灵，可把蛋车倒过来，采用人工开门拨动翻蛋装置，2 小时 1 次。同时通知孵化器生产厂家派人来处理。

专题四
鹌鹑的营养与饲料

专题提示

1. 鹌鹑的消化特点。
2. 鹌鹑的营养需要。
3. 鹌鹑的常用饲料原料。
4. 鹌鹑的日粮配合。
5. 鹌鹑饲料的种类。
6. 鹌鹑饲料的料型。
7. 鹌鹑饲料的加工要求。
8. 鹌鹑饲料的包装、储藏和运输。

一、鹌鹑的消化特点

1. 鹌鹑的消化系统

鹌鹑的消化系统由喙、口腔、咽、食道、嗉囊、腺胃、肌胃、十二指肠、小肠、盲肠、直肠、泄殖腔和肛门组成。

（1）口与咽　鹌鹑的口腔器官较简单，没有唇、齿和软腭，颊也明显退化，因此口腔与咽之间无明显界线，上、下颌形成锥体形的喙，外被坚硬的角质套。舌黏膜上缺乏味觉乳头，仅分布少量结构简单的味蕾，所以味觉很差。鹌鹑唾液腺在口咽部黏膜上皮深层连成一片，有许多导管开口于黏膜，唾液腺均为黏液性腺，分泌黏稠的唾液，润滑口腔黏膜和食物，以便于吞咽。

（2）食管　为一薄壁而易于扩张的肌性管道。始于咽而止于腺胃，长约9厘米。其颈段较长，与气管一同偏于颈的右侧。在胸腔入口处的前方扩大形成嗉囊。嗉囊体积小，储存饲料的能力有限，每天应该勤喂少添，保证其采食足够的饲料。

（3）胃　由腺胃与肌胃组成。腺胃的容积小，其主要机能是分泌胃液。肌胃发达的肌层、粗糙而坚韧的角质膜以及吞入的沙砾，构成了磨碎食物、进行机械性消化的有利场所。这种特殊的结构与其牙齿的丧失是相适应的。

（4）小肠　鹌鹑小肠长约50厘米，分为十二指肠、空肠和回肠。

（5）大肠　大肠包括盲肠和直肠。鹌鹑盲肠不发达，对粗纤维的消化能力很差。直肠较短，不能储存多量的粪便，这是鹌鹑排便次数较多的原因。这可能与减轻体重、利于飞翔有关。

（6）泄殖腔　泄殖腔为消化、泌尿和生殖三系统后端的共同通道。其腔内被两个不完全的环行皱褶分为粪道、泄殖道和肛道三部分。粪道与直肠相接；泄殖道有输尿管、输精管或输卵管的开口；肛道背侧有腔上囊的开口，再向后以泄殖孔开口于外界。

（7）肝　鹌鹑的肝发达，重约4.0克，呈红褐色，质地脆弱，位于腹前下部，胸骨背侧，前方与心脏相接触。

（8）胰　胰呈长条分叶状，淡红黄色，其实质分为外分泌部和内分泌部。外分泌部占胰腺的绝大部分，属消化腺。内分泌部较小，散布于外分泌腺之间，呈小岛状，故称胰岛，分泌胰岛素调节血糖。

2. 鹌鹑采食习性

（1）掘土采食习性　鹌鹑保留野外掘土觅食习惯，在采食前用双脚在笼底交替抓挠几下，然后再啄食。另外，鹌鹑喜欢用喙将饲料钩出料槽，或者头部左右摆动将饲料弄到地面。因此，鹌鹑料槽设计要注意有足够的深度，减少饲料浪费；或者在料槽中放置铁丝网片或塑料网片（图19），此法可避免饲料浪费，效果很好。

图19　料槽中防止撒料的铁丝网片

（2）群饲　鹌鹑喜欢群饲，当喂饲时一有啄食声音就出现群起挤向食槽伸头啄食，啄食时有争有抢，但养在单笼的个体鹌鹑采食表现不是那样积极。

（3）饲料形状与类型　鹌鹑喜食颗粒类饲料，颗粒状饲料比碎屑、混合料适口性高，在食槽前采食频率快时间短。最喜食小米（特别是雏鹑和雄鹑），最不喜食粉料（特别是干麸皮）。鹌鹑喜食潮湿的混合饲料，混合料中泡过的豆饼渣、稍有糖化的玉米面都有较高的适口性，发酵有酸味的饲料适口性较差。矿物质饲料（特别是向食槽撒喂沙粒或骨粉时，会提高啄食频率）具有很高的适口性。产蛋鹌鹑最爱啄食矿物质饲料。

（4）采食时间　鹌鹑全天各次采食量是不均匀的。统计各次日粮消耗量可见上午比下午多，而晚间5～7点为全天的采食高峰。雄鹑各次采食量比较均匀，而高峰也在晚间。对于当天不产蛋的母鹑，上午、下午采食量相差不多，晚间最多；当日产蛋的母鹑上午吃料多，而下午特别在产蛋前2小时基本不吃或吃得很少，即使吃料也是慢慢腾腾吃两口就离开食槽。屠宰发现，当天有蛋或将要产蛋的鹌鹑，80％嗉囊很少存有食物。因此，早上光照开始以后就应该喂足饲料以保证高产的需要。傍晚时分，鹌鹑进入又一个采食高峰，满足夜间形成蛋白、蛋壳需要。对于肉用鹌鹑应该采用24小时光照，给其以足够的采食时间，保证其生长发育所需要的营养物质。

（5）采食次数　鹌鹑每次采食时总具有一种“新鲜感”，每次喂饲总是抢吃新添的饲料，对槽中的余料啄食频率低，不感兴趣，对添加的新料反应积极，群来抢食。测定鹌鹑的采食频率，每分平均啄食94～99次，最低84次，最高为146次，雄鹑比雌鹑频率高、啄食快、食欲强。鹌鹑采食过程中有强欺弱现象。

（6）采食环境　鹌鹑采食受环境影响，在明亮条件下喜食，而光线较暗不喜食，在夜间关灯后停止采食。鹌鹑喜欢清洁白色的饲养环境，在环境干净情况下，其反应敏感极为兴奋，采食积极。

（7）采食时的条件反射　在每次喂饲，向食槽撒料时，鹌鹑都拥向槽前争先采食，特别是发出啄食的声响时，即便是没撒料的格层，鹌鹑也都挤向食槽盲目地啄食。可见视觉和听觉的刺激都能引起采食反射，而听觉反应又强于视觉反应。在一小群鹌鹑中，如果群中混有雄鹑，有促进采食的作用。喂饲过程中当出现某种特殊的声响（有时是人没察觉到的）时，全群鹌鹑顿时都伸头，停止啄食，数秒后又照常采食。

3. 鹌鹑饲料营养浓度

鹌鹑整个消化道短，容积也小，饲料通过消化道的时间短，因此鹌鹑需要低纤维、高能量、高蛋白等高营养浓度的饲料喂养。鹌鹑对于钙的需求量较低，饲料中钙的含量雏鹑为0.8%～1.05%，产蛋期的鹌鹑为2.5%左右。对蛋白质需求高，粗蛋白质的需求量在20%～22%；能量需要量为11.7～12.6兆焦／千克。

4. 鹌鹑饮水

鹌鹑在各个饲养阶段都要保证清洁的饮水，绝不能断水，饲养人员要经常检查饮水器状态，定期清洗消毒饮水系统。鹌鹑每次饮水量不多而比较频繁，饮水时是连饮3次停一会儿，若再饮又连饮3次。饮水时爱甩头，鹌鹑喜欢饮清洁干净水，不爱饮粪便污染的水，对新换的饮水同样具有新鲜感，气温高饮水量有增多趋势，一天饮水量的变化是：晚间饮水较多，上午饮水较少。

二、鹌鹑的营养需要

1. 能量需要

能量是维持鹌鹑正常生理活动和生产活动的动力。鹌鹑的生长、繁殖、运动、呼吸、血液循环、消化、吸收、排泄、神经传导、体液分泌和体温调节都需要能量。饲料中碳水化合物和脂肪是鹌鹑获得能量的主要来源。脂肪所含能量较高，育肥期饲料可以添加脂肪以提高能量水平。饲料中能量与其他营养物质有一定的比例要求，因为鹌鹑的摄食量与能量有关，能量越高摄食量越少。

鹌鹑每天从体表散发的热量为6.3～6.7兆焦。据测定，雏鹌鹑从初生到42日龄，每天活动消耗能量约为1.7兆焦，每增加1克体重，约需要能量0.84兆焦。

甘肃农业大学都怡等，研究不同能量水平饲粮对蛋鹌鹑产蛋前体重的影响，结果显示育雏、育成期饲喂低代谢能浓度（育雏期11.7兆焦／千克、育成期11.4兆焦／千克）的饲粮，足以满足鹌鹑的生长发育，饲粮高浓度代谢能（育雏期12.7兆焦／千克、育成期12.4兆焦／千克）反而对鹌鹑的生长发育不利。

2. 蛋白质需要

蛋白质是构成生物有机体的主要物质。鹌鹑的肌肉、血液、羽毛、皮肤、神经、内脏器官、激素、酶、抗体等主要由蛋白质构成。另外，鹌鹑蛋的主要成分也是蛋白质。蛋白质的基本构成单位为氨基酸，有20种。鹌鹑以植物性饲料为主配合日粮时，最易缺乏蛋氨酸、赖氨酸和色氨酸，配方时要注意合理搭配饲料原料，饲料多样化，达到氨基酸互补，注意添加动物性饲料（鱼粉、骨粉等），必要时添加氨基酸添加剂，提高饲料的利用率。氨基酸缺乏时幼鹑表现体重小，生长缓慢、羽毛生长不良；成年鹌鹑缺乏氨基酸表现性成熟推迟，产蛋小，无产蛋高峰以及易发生啄癖。

鹌鹑体小，每天的采食量有限，但其生长发育迅速，产蛋量超过了鸡。因此，鹌鹑日粮中蛋白质的含量要远远高于鸡，用蛋鸡饲料来饲喂鹌鹑不能满足蛋白质需求。12日龄前雏鹑，饲粮中粗蛋白质含量应达到24%；22日龄后，需粗蛋白质22%。产蛋鹌鹑每天约需要蛋白质5克或饲粮中应含粗蛋白质24%左右，赖氨酸、蛋氨酸在饲粮中的含量应分别达到1.1%和0.8%。肉用鹌鹑饲粮中粗蛋白质应达到24%～29%，赖氨酸和蛋氨酸应分别占饲粮的1.4%和0.75%。

甘肃农业大学王志鹏等（2011年）研究了饲粮蛋白质水平对鹌鹑产蛋性能和蛋品质的影响。结果显示饲粮粗蛋白质为18%时，鹌鹑的产蛋性能和蛋料差价最佳；粗蛋白质为16%时，产蛋性能下降；粗蛋白质水平在20%～26%的较高水平时，并没有促进产蛋性能的提高。

3. 矿物质需要

矿物质是鹌鹑不可缺少的一类营养物质，按需求量的大小又分为常量元素（钙、磷、钠、氯等）和微量元素（锰、锌、铁、铜、碘、硒、钴等）。

钙和磷是禽类需求量最多的矿物质。钙是构成骨骼和蛋壳的主要成分，缺钙会引起骨骼发育不良，表现为佝偻症、骨质松软易折断。产蛋鹌鹑缺钙时出现软壳蛋和无壳蛋，蛋壳薄、易破碎。磷是骨骼的主要组成成分，同时还存在于血液和某些脏器中，参与机体的新陈代谢。鹌鹑缺磷时，表现食欲减退，生长变慢，骨质变脆，关节硬化，伏卧不起。植物性饲料中的磷大多以植酸磷的形式存在，不易被鹌鹑利用，特别是雏鹑。动物性饲料（鱼粉、骨粉等）和磷酸氢钙中的磷以无机磷形式存在，很容易被鹌鹑吸收利用。因此，在配合鹌鹑日粮时，一定要加入骨粉、磷酸氢钙等原料。

钠和氯的主要功能为维持体内的渗透压和酸碱平衡。一般植物性饲料中缺乏钠和氯，添加氯化钠（食盐）即可解决。鹌鹑饲粮中食盐的添加量为0.2%～0.3%，长期使用高盐饲料（超过1%）会引起中毒，但在饮水中加入

1%～2%食盐，连用1～2天，可以防治鹌鹑的啄癖症。饲料中食盐不足常常导致消化不良、食欲下降、产蛋量下降和啄癖症的发生。

鹌鹑对微量元素的需求量很少，但饲料中如缺乏微量元素会导致严重的不良后果。鹌鹑饲料中需要添加的微量元素有铁、铜、钴、硒、锰、锌、碘等。微量元素因需要量很少，多以添加剂的形式加入饲料中，市场上销售的禽用微量元素添加剂（常见的添加比例有0.5%和1%两种）可用于鹌鹑全价饲料配制。

4. 维生素需要

维生素是一类重要的有机化合物。鹌鹑对维生素的需要量很少，但维生素却是鹌鹑生长、生产和繁殖所不可缺少的。维生素是鹌鹑体内多种酶的组成成分，主要功能为调节体内的代谢过程。维生素的种类很多，可以分为脂溶性维生素和水溶性维生素两大类。脂溶性维生素包括维生素A、维生素D、维生素E和维生素K，饲料中添加量大于需要量时它们可以在鹌鹑体内储存，而当饲料中短期内含量不足时又可释放出来供机体代谢；如果其用量过大会引起中毒。水溶性维生素主要有B族维生素和维生素C，它们在体内存留时间短，体内的储存量很少，当饲料中含量不足时很容易出现缺乏症，饲料中含量过高则大量排泄，一般不易引起中毒。B族维生素有硫胺素（维生素B_1）、核黄素（维生素B_2）、泛酸（维生素B_3）、吡哆醇（维生素B_6）、烟酸、生物素、胆碱、叶酸和维生素B_{12}等。各种维生素的功能及缺乏症见表7。

表7　各种维生素的功能及缺乏症

维生素	功　能	缺乏症
维生素A	维持正常的生长发育，保护上皮细胞的完整性，增进视力，提高抗传染病能力	抵抗力下降，生长停滞，干眼病，羽毛松乱，繁殖力降低
维生素D	促进钙、磷的吸收和代谢，维持骨骼的正常生长发育	佝偻病，畸形骨，伏地不起，软壳蛋和无壳蛋增多
维生素E	佝偻病，畸形骨，伏地不起，软壳蛋和无壳蛋增多	雏鹑脑软化，成年鹑繁殖力下降，种蛋孵化率降低
维生素K	参与凝血	肌肉、黏膜出血
硫胺素	参与碳水化合物代谢和维护正常的消化功能	消化紊乱，神经系统失常，抽搐痉挛，头向后弯

维生素	功 能	缺乏症
核黄素	参与蛋白质和碳水化合物的代谢	弯趾性瘫痪，腹泻，发育迟缓，视力障碍
泛酸	参与蛋白质、碳水化合物和脂肪的代谢	羽毛生长不良，眼部、喙和脚趾周围发炎
烟酸	参与蛋白质、碳水化合物和脂肪的代谢	生长迟缓，膝关节肿大，口腔和舌头发炎
吡哆醇	参与氨基酸、脂肪和碳水化合物的代谢	抽搐痉挛，体重减轻
叶酸	参与核酸和核蛋白的代谢	贫血，生长抑制，羽毛变淡
生物素	参与脂肪与蛋白质的代谢	羽毛生长障碍，生长迟缓，足部和头部皮肤损伤，关节炎
维生素 B_{12}	参与碳水化合物和脂肪的代谢，参与核酸合成	鹌鹑胚与雏鹑死亡率高，生长迟缓，羽毛生长缓慢
胆碱	参与脂肪代谢	脂肪肝，肝脏出血

5. 水需要

水是生物体不可缺少的营养物质。不论是植物或是动物均离不开水，机体内的大部分水和亲水胶体结合，使组织具有一定的形态、硬度和弹性。水是一种溶剂和润滑剂，直接参与养分的消化吸收、代谢产物的排泄、血液循环、体温调节等一系列的生理、生化过程，水可以帮助饲料的摄取和消化。饮水不足，血液浓稠，生长和产蛋都受影响。

鹌鹑对水的需要量受各种因素的影响，产蛋量高时饮水量大，笼养比平养饮水量大，限制饲养时饮水量也增加，一般而言成年鹌鹑的饮水量约为采食量的 2 倍，雏鹑的比例更大些。

三、鹌鹑的常用饲料原料

饲料原料是指用于生产配合饲料和浓缩饲料的单一饲料成分，包括饲用谷物、粮食加工副产品、油脂工业副产品、发酵工业副产品、动物性蛋白质饲料、饲用油脂等。按照主要成分和用途分为能量饲料、蛋白质饲料、矿物质饲料、维生素饲料。饲料原料感官上要求具有该品种应有的色、嗅、味和形态特征，无发霉、变质、结块、异味。饲料原料中有害物质及微生物允许量符合

GB 13078《饲料卫生标准》的规定要求。鹌鹑饲料禁止使用制药工业副产品及各种抗生素滤渣。鹌鹑体形小，嗉囊和胃的容积有限，每次采食量较少，同时其消化道很短，食物通过时间短，对各种营养物质的消化吸收率较低。因此，鹌鹑要选择容易消化的饲料原料，饲料中粗纤维的含量不能超过3%。

1. 能量饲料

玉 米

玉米是最主要的能量饲料，也是饲养鹌鹑利用最多的一种饲料。玉米的特点是能量高（13.50～14.04 兆焦／千克），粗纤维含量低（2%），适口性好，消化率高。主要成分为淀粉，便于鹌鹑消化吸收。玉米在鹌鹑日粮中用量为40%～70%。要求籽粒整齐、均匀，色泽呈黄色或白色，无发酵、霉变、结块及异味。饲用玉米要求水分不得超过 14.0%（东北地区、内蒙古、新疆地区不得超过 18.0%），干物质中粗蛋白质含量在7%以上。不得掺入饲料用玉米以外的夹杂物质。

玉米的粗蛋白质含量在 7.5%～8.7%，其氨基酸组成不平衡，主要表现为赖氨酸、色氨酸和蛋氨酸的含量偏低。玉米中除硫胺素（维生素 B_1）含量较高外，其他维生素的含量均较少。黄玉米中含有胡萝卜素及叶黄素，它们对于保持蛋黄、皮肤及脚部的黄色具有重要作用。我国饲料用玉米的质量标准见表8。

表8 饲料用玉米的质量标准

质量指标（%） 等级	一级	二级	三级
粗蛋白质	≥ 9.0	≥ 8.0	≥ 7.0
粗纤维	< 1.5	< 2.0	< 2.5
粗灰分	< 2.3	< 2.6	< 3.0

小　麦

　　小麦的能量和蛋白质含量均较高，而且蛋白质品质比玉米高（赖氨酸、蛋氨酸、色氨酸含量较玉米高）。小麦中 B 族维生素特别丰富，和玉米配合使用效果更好。鹌鹑日粮中小麦最高可增加到 30%。小麦要求籽粒整齐，色泽新鲜一致，无发酵、霉变、结块及异味。冬小麦水分不超过 12.5%（春小麦不超过 13.5%）。小麦中由于含有较多的水溶性非淀粉多糖，喂饲后会出现黏粪现象。日粮中小麦用量过多，易引起脂肪肝肾综合征。

碎　米

　　碎米是稻谷制米过程中的破碎米粒，含有少量米糠。碎米淀粉含量高，纤维素含量低，易于消化，是鹌鹑的良好饲料。碎米中缺乏胡萝卜素和 B 族维生素，用量占日粮的 10%～ 20%。碎米中非淀粉多糖的含量很少，粗脂肪的含量较低（为 2.2% 左右），其代谢能水平与玉米相似，为 14.1 兆焦／千克。碎米的粗蛋白质含量为 8.8% 左右，也与玉米相似，其色氨酸、赖氨酸含量高于玉米，而亮氨酸含量偏低。南方省、区在禽饲料中常配以一定量的碎米以取代部分玉米。

麸 皮

　　麸皮是小麦加工面粉的副产品，普通小麦麸的蛋白质含量为15%左右，代谢能值约为6.5兆焦／千克，B族维生素的含量丰富，维生素E的含量也较高。含有较多的铁、锌、锰和磷，但磷的消化率很低。

　　麸皮不仅结构疏松，而且还含有具轻泻性的盐类，有助于刺激肠道蠕动，保持消化道健康。由于麸皮中粗纤维含量高，体积大，日粮中含量不宜超过10%，产蛋高峰期最好不用。小麦麸的质量标准见表9，从外观性状看应为浅灰色细碎屑状，色泽新鲜一致，无霉变结块，无异味。其含水量应在12%以下。

表9　小麦麸的质量标准

质量指标(%) ＼ 等级	一级	二级	三级
粗蛋白质	≥ 15	≥ 13	≥ 11
粗纤维	< 9	< 10	< 11
粗灰分	< 6	< 6	< 6

次 粉

　　次粉是以小麦籽实为原料磨制各种面粉后获得的副产品。由于加工工艺不同，制粉程度不同，出麸率不同，次粉的营养差异也很大。次粉国家标准见表10，本标准适用于以各种小麦为原料，磨制精粉后除去小麦麸、胚及合格面粉以外的部分即饲料用次粉。感官性状为粉状。粉白色至浅褐色，色泽新鲜一致。无发酵、霉变、结块及异味。水分含量不得超过13%。以粗蛋白、粗纤维及粗灰分为质量控制指标，按含量分为三级。

表10 次粉的质量标准

质量指标（％） 等级	一级	二级	三级
粗蛋白质	≥ 14.0	≥ 12.0	≥ 10.0
粗纤维	< 3.5	< 5.5	< 7.5
粗灰分	< 2.0	< 3.0	< 4.0

玉米胚芽粉

玉米胚芽粉为玉米胚芽脱油后的残渣，也称玉米胚芽粕。其代谢能值较高，可达10兆焦／千克左右，粗纤维约为8％。粗蛋白质16％～19％，其蛋白质的氨基酸组成特点为精氨酸含量过高，赖氨酸和色氨酸含量也较高。从维生素含量看它含有较多的维生素E、维生素B_2、胆碱等。

油 脂 类

油脂的能量很高，而且很容易被鹌鹑所利用。在商品鹌鹑育肥期日粮中，为了增加能量，快速育肥，可以加入一定量的油脂。动物性油脂是畜禽屠宰加工厂的下脚料经高温加压蒸煮分离出的。植物性油脂的亚油酸含量高于动物性油脂（表11）。生产中使用较多的是鱼油、豆油、菜籽油。

表11　动、植物油脂中亚油酸含量

油脂类型	玉米油	豆油	菜籽油	花生油	牛油	猪油	鱼油
亚油酸所占比例（％）	46	55	20	19	4	18	3

2. 蛋白质饲料

豆　粕

　　豆粕是大豆经预压－浸提法脱油后的副产品，脂肪含量1.1％，代谢能为10.29兆焦／千克。豆粕的粗蛋白质含量为43％左右，赖氨酸的含量高，约为2.5％，而且其赖氨酸与精氨酸之间的比例也比较恰当，约为1∶1.3，在制作常用的玉米-豆粕-鱼粉型鹌鹑日粮时十分适宜。豆粕的氨基酸组成中异亮氨酸、色氨酸、苏氨酸的含量也很高，因而与玉米配伍的效果也特别好。不足之处在于其蛋氨酸的含量偏低，因此在以豆粕作为主要蛋白质饲料时，添加适量的蛋氨酸添加剂即可取得良好的饲养效果。

　　若豆粕是由未经加热处理的大豆直接加工脱油制成时，则其中也含有生大豆所含的几种毒素，不宜用于配制鹌鹑饲料。加热不足和加热过度时豆粕的消化利用率相当于加热适当时的78％和91％，而未加热的仅相当于加热适当者的40％。豆粕的质量标准见表12。从外观性状来看，优质的豆粕应是淡黄色或黄褐色（加热过度呈暗褐色、加热不足颜色较浅）不规则的碎片状，色泽一致，干燥（含水量低于13％），不发霉结块，无异味。

表 12　豆粕的质量标准

质量指标（%）　 等级	一级	二级	三级
粗蛋白质	≥ 44	≥ 42	≥ 40
粗纤维	< 5	< 6	< 7
粗灰分	< 6	< 7	< 8

菜 籽 粕

　　菜籽粕是菜籽经过浸提或预榨浸提脱油后的副产品。菜籽粕的粗蛋白质含量在 36％ 左右，其蛋白质的氨基酸组成特点为蛋氨酸含量高，精氨酸含量较低，与棉籽粕配合使用其互补效果较好。菜籽粕中粗纤维含量较高，为 11％ 左右，而且还含有较多的不易消化的多聚糖，故其代谢能值偏低，约为 7.99 兆焦／千克。在鹌鹑日粮中应限制其应用，一方面因为其适口性较差，影响采食量；另一方面因其含有有毒物质。一般用量控制在 5％ 以下，经脱毒处理后可以增加到 12％。菜籽粕的质量标准见表 13，外观性状为黄色或浅褐色粗粉状，无发霉结块，无异味，水分含量不超过 12％。

表 13　菜籽粕的质量标准

质量指标（%）　 等级	一级	二级	三级
粗蛋白质	≥ 40	≥ 37	≥ 33
粗纤维	< 14	< 14	< 14
粗灰分	< 8	< 8	< 8

棉 籽 粕

　　棉籽粕是棉籽去壳后用浸提法或预榨浸提法脱油后的副产品。粗蛋白质含量一般为34%～38%，这种变异主要源于棉籽粕中棉籽壳的含量，在其蛋白质的氨基酸组成中赖氨酸和蛋氨酸的含量偏低，精氨酸的含量偏高。棉籽粕代谢能值为8.3～9.2兆焦／千克。棉籽粕中含有有毒物质棉酚，在使用中应严格控制用量，幼龄动物对棉酚的耐受性低于成年动物。产蛋种鹌最好不用，否则会影响到种蛋的受精率和孵化率。商品蛋鹌用量宜控制在6%之内。

脱酚棉籽蛋白

　　脱酚棉籽蛋白是由棉籽经过剥绒、剥壳，在低温下一次性浸油、沥干后再经过脱除有毒物质（棉酚）后制成的一种高蛋白产品。脱酚棉籽蛋白是一种新的优良的高营养饲料原料，代谢能量水平与豆粕相当，粗蛋白质含量超过50%（最高达56%），氨基酸组成良好，消化利用率较高。中国农业科学院饲料研究所分析报告显示，脱酚棉籽蛋白氨基酸总量占粗蛋白的95.6%，所含非蛋白氮很少。脱酚棉籽蛋白的含水量在8%以下，不易霉变，比较容易保存。脱酚棉籽蛋白加工工艺中脱酚比较彻底，同时能去除棉籽在储藏过程中可能产生的黄曲霉素，提高了使用的安全性。脱酚棉籽蛋白营养很适合于禽类需要，目前在一些饲料场配制鹌鹑饲料中大量使用，既可以满足鹌鹑对高蛋白的需求，又降低了饲料成本。脱酚棉籽蛋白除了赖氨酸略低于豆粕外，其他重要氨基酸都高于豆粕，是很适于家禽使用的饲料原料。

花 生 粕

　　花生粕即花生仁经过脱油后的副产品。花生在榨油前一般都要去壳，因此花生粕营养价值很高。粗蛋白质含量为44%左右，与豆粕相近。另一特点是有香味，适口性好。其氨基酸组成特点为赖氨酸和蛋氨酸含量偏低，而精氨酸含量过高。使用时宜与菜籽粕、血粉、鱼粉等含精氨酸少的原料配合使用。

　　花生粕中也含有抗胰蛋白酶因子，在油料加工过程若经过120℃高温处理则可使之灭活。花生粕容易染上黄曲霉而产生黄曲霉毒素，在含水量较多、温度较高的情况下更易被感染，加工时需要引起注意。

葵花仁饼(粕)

　　葵花仁饼(粕)的营养价值取决于脱壳程度，未脱壳的葵花仁饼(粕)不适于用作鹌鹑饲料。葵花仁饼(粕)的代谢能值为6.3～9.5兆焦／千克，粗纤维含量为12%～25%，粗蛋白质含量在28%～32%。其蛋白质的氨基酸组成特点为蛋氨酸含量较高，而赖氨酸含量较低。

玉米蛋白粉

　　玉米蛋白粉也称玉米面筋粉，是由玉米生产玉米淀粉的副产品。玉米蛋白粉的蛋白质含量变化较大，在25%～60%，其蛋白质的氨基酸组成特点是：赖氨酸、色氨酸含量很低，蛋氨酸含量较高，精氨酸含量是赖氨酸含量的 2～2.5 倍。

玉米蛋白粉的代谢能值在 7～10 兆焦／千克。其中还含有较多的类胡萝卜素（约为 150 毫克／千克），蛋白质含量越高，玉米蛋白粉的橘黄色越深，其中的叶黄素是良好的着色剂。玉米蛋白粉中粗纤维含量约为 2%。

鱼 粉

鱼粉包括进口鱼粉和国产鱼粉。进口鱼粉主要来自秘鲁、智利、巴西、阿根廷等国，一般是由鳗鱼、鲱鱼、沙丁鱼等全鱼制成的。其营养特点是：蛋白质含量高，氨基酸组成比例好，蛋白质含量一般在 60% 以上，高的达 70% 以上，其中的赖氨酸和蛋氨酸含量都很高，而精氨酸含量少，与大多数植物性蛋白质饲料的配伍效果都很好；磷的利用率很高；含有较多的硒和锌；含有脂溶性维生素（维生素 A、维生素 D、维生素 E 和维生素 K），水溶性维生素中核黄素、生物素和维生素 B_{12} 的含量也很丰富。鱼粉价格较高，会增加饲料成本，鹌鹑饲料用量一般为 5%～10%。

我国国产鱼粉的质量标准见表 14。外观性状为黄褐色粗粉状，有正常的鱼腥味而无异臭及焦灼味，无发霉结块，水分含量不超过 12%，尝不到苦咸味。

表14　国产鱼粉部颁质量标准

等级 质量指标（％）	一级	二级	三级
颜色	黄棕色	黄褐色	黄褐色
粗蛋白质	≥ 55	≥ 50	≥ 45
粗脂肪	< 10	< 12	< 14
盐分	< 4	< 4	< 4
含沙	< 4	< 4	< 5

肉 骨 粉

　　肉骨粉是肉类屠宰加工厂的下脚料和不能食用的屠体部分经高温高压灭菌、脱脂、烘干和粉碎后生产的产品。由于原料差异所生产的肉骨粉营养水平也明显不同，肉骨粉的粗蛋白质含量在25％～55％，代谢能值在6.5～11.3兆焦／千克。通常把含磷量在4.4％以下的称为肉粉，在4.4％以上的称肉骨粉，这主要表明了原料中骨头所占的量。肉骨粉中常见的问题是生产过程中添加有血粉及其他杂质。由于肉骨粉的质量不稳定，因此每次购到的原料需要进行多方面认真分析。

血 粉

　　血粉含蛋白质高达80％，赖氨酸含量丰富，而异亮氨酸缺乏，使用时要注意同其他蛋白质饲料适当搭配。血粉适口性差，不宜多喂，用量不超过 5％，否则会影响鹌鹑食欲。

蚕 蛹 粉

　　新鲜的蚕蛹脂肪含量高，有异味，直接饲喂容易造成消化紊乱。蚕蛹粉是由蚕蛹经干燥后粉碎而成的，若蚕蛹经脱脂后再干燥粉碎则称为蚕蛹粕或蚕蛹渣。蚕蛹粉的脂肪含量可达 20％以上，粗蛋白质含量可达 65％，代谢能值在 10.4～11.4 兆焦／千克。蚕蛹粉容易消化吸收，营养价值与鱼粉相似。肉子鹑育肥期不能添加，否则影响肉质风味。从其蛋白质的氨基酸组成方面来看蛋氨酸含量很高，赖氨酸和色氨酸含量也较高，精氨酸的含量则较低。因此，在制作鹌鹑配合饲料时应与其他原料很好地搭配。

饲料酵母

　　饲料酵母是采用工厂化发酵制成的，其蛋白质含量在 35％～50％，主要为菌体蛋白。从其氨基酸组成来看蛋氨酸含量偏低，赖氨酸含量较高，其中还含有较为丰富的 B 族维生素。饲料酵母粉的质量（蛋白质及氨基酸组成）取决于菌种、培养基和酵母细胞的增殖方式。

　　优质饲料酵母粉的外观为黄灰色粉末或呈淡黄色小颗粒状，具有酵母特有的香味、无发霉结块，每克干样中酵母菌的数量达 30 亿个以上。代替部分鱼粉及豆粕用于配制鹌鹑日粮可取得良好的生产效果，在饲料中用量可占2%～5%。但是，应该注意的是，目前市场上销售的饲料酵母粉绝大部分不是真正意义上的酵母粉，而只能称为酵母饲料或酵母发酵饲料。因此，在选用饲料酵母时要进行认真分析，不能仅看粗蛋白质含量一项指标。

3. 矿物质饲料

鹌鹑需要从饲料中获取的常量矿物元素有钙、磷、钠、钾、氯等。

氯 化 钠

氯化钠也称食盐，用来补充氯和钠的不足。一般鹌鹑日粮中食盐含量稳定在0.2%～0.3%，不要经常变动。食盐供应不足时，鹌鹑会出现啄羽、啄肛等异食癖，采食量下降，影响到生长和产蛋。

石粉和贝壳粉

二者的主要成分为碳酸钙，用来补充鹌鹑对钙的需求。石粉含钙量为35%～38%，贝壳粉含钙量在30%以上。生长期用量为1.0%～1.2%，产蛋期用量为6.0%～7.0%。某些地方生产的石粉中含有较多的氟、镁、砷等杂质，使用后会出现蛋壳较薄且脆、鹌鹑健康状况不良等现象。按规定石粉中镁＜0.5%，汞＜2毫克／千克，砷和铅皆＜10毫克／千克。贝壳粉的品质和饲喂效果优于石粉，但来源少，价格高。

骨　粉

　　骨粉是由各种家畜骨骼经蒸煮、干燥、粉碎而成。骨粉是配合饲料中最常用的磷源饲料，同时也补充钙。用量为 1.0%～ 2.0%。根据加工方法骨粉可分为脱胶骨粉和蒸制骨粉两种。脱胶骨粉利用高温高压处理，脱去所含的蛋白质、脂肪、骨髓后制成，为白色粉末状，无臭味，骨渣质地松脆。其含磷量可达 12% 以上，含钙量达 28% 左右。蒸制骨粉是骨头经高温高压处理，脱去大部分蛋白质、脂肪后，经压榨、干燥制成，含磷约 10%，含钙 24%，含粗蛋白质约 10%。色泽为灰褐色，有特有的骨臭味。因此，尽量使用脱胶骨粉。

磷酸氢钙

　　磷酸氢钙也称为磷酸二钙，是目前饲料中广泛使用的一种磷源饲料，其钙、磷的含量分别为 21% 与 16%，利用效率较高。饲料用磷酸氢钙质量标准见表 15。其外观为白色或灰色粉末状或粒状。在市场上常见到一些品质差的产品，磷含量不足而氟含量超标，在购买时要注意鉴别。

表 15　磷酸氢钙质量标准

指标	含量标准
磷含量(%)	≥ 16
钙含量(%)	≥ 21

指标	含量标准
砷含量(毫克/千克)	≤ 30
重金属(以铅计，毫克/千克)	≤ 20
氟含量(毫克/千克)	≤ 1 800

鹌鹑常用饲料成分及营养价值表见表16。

表16 鹌鹑常用饲料成分及营养价值表

饲料名称	干物质(%)	代谢能(兆焦/千克)	粗蛋白(%)	粗脂肪(%)	粗纤维(%)	钙(%)	磷(%)	有效磷(%)	赖氨酸(%)	蛋氨酸(%)	色氨酸(%)	胱氨酸(%)	精氨酸(%)
玉米	86	13.56	8.6	3.5	1.6	0.04	0.25	0.06	0.27	0.15	0.07	0.18	0.38
小麦	87	12.30	12.1	1.8	1.9	0.09	0.39	0.12	0.33	0.14	0.14	0.18	0.53
高粱	86	11.00	8.7	1.8	7.8	0.13	0.25	0.08	0.22	0.08	0.08	0.12	0.32
碎米	86	14.06	9.5	2.2	1.1	0.06	0.35	0.07	0.34	0.18	0.12	0.18	0.67
麸皮	88.6	6.78	14.3	3.7	8.9	0.1	0.92	0.24	0.47	0.15	0.23	0.33	0.95
米糠	87	9.28	14.7	12.5	7.4	0.14	1.81	0.31	0.56	0.25	0.16	0.2	0.95
豆饼	88	10.29	47.8	5.6	5.5	0.33	0.5	0.15	2.45	0.48	0.6	0.6	3.18
豆粕	89	9.83	42.8	1.6	5.2	0.32	0.62	0.19	2.54	0.51	0.65	0.65	3.4
菜籽饼	88	8.16	35.7	7.5	10.7	0.59	1.24	0.29	1.23	0.61	0.45	0.61	1.87
菜籽粕	88	7.4	38.5	1.4	11.8	0.65	0.96	0.29	1.35	0.77	0.51	0.69	1.98
棉籽粕	90	9.04	45	0.6	10.5	0.25	1.02	0.31	1.39	0.41	0.5	0.46	3.75

饲料名称	干物质(%)	代谢能(兆焦/千克)	粗蛋白(%)	粗脂肪(%)	粗纤维(%)	钙(%)	磷(%)	有效磷(%)	赖氨酸(%)	蛋氨酸(%)	色氨酸(%)	胱氨酸(%)	精氨酸(%)
花生粕	88	10.88	45.5	6.8	5.9	0.25	0.52	0.16	1.35	0.39	0.3	0.63	5.16
玉米粕	89.9	9.37	20.8	7.8	6.3	0.06	0.85	0.23	0.69	0.23	0.17	0.34	1.12
芝麻粕	92.2	8.95	39.2	10.3	7.2	2.24	1.2	0.36	0.93	0.81	0.4	0.5	3.97
国产鱼粉	90	11.8	59.5	9	–	3.96	2.15	2.15	3.64	1.44	0.7	0.47	3.02
进口鱼粉	91	12.18	60.2	10	–	4.04	2.9	2.9	4.35	1.65	0.8	0.56	3.85
肉骨粉	93	9.96	50	8.5	–	9.2	4.7	4.7	2.6	0.57	0.26	0.33	3.34
血粉	89	10.29	82.8	0.4	–	0.29	0.22	0.22	7.07	0.68	1.43	1.69	4.13
饲用酵母	91.5	10.54	52.4	0.8	–	0.16	2.92	–	2.32	1.73	0.44	0.78	1.86
苜蓿草粉	87	3.62	15.5	2.1	25.6	1.46	0.22	–	0.64	0.16	0.24	0.14	0.67
槐树叶	88	–	18.1	1.8	11	2.21	0.21	–	0.84	0.22	0.14	0.12	0.88
蒸制骨粉	93	–	10	–	–	24	10	10	–	–	–	–	–
脱胶骨粉	95.2	–	–	–	–	32	13	13	–	–	–	–	–
磷酸氢钙	95.2	–	–	–	–	23.29	18	18	–	–	–	–	–
贝壳粉	–	–	–	–	–	33	0.14	0.14	–	–	–	–	–
石粉	–	–	–	–	–	35	–	–	–	–	–	–	–
植物油	–	36.82	–	–	–	–	–	–	–	–	–	–	–
动物油	99.5	32.22	–	–	–	–	–	–	–	–	–	–	–

4. 常用饲料添加剂

常用饲料添加剂有以下几种：

（1）复合维生素添加剂　维生素因在畜禽代谢过程中起着重要的营养和保健作用，从而成为现代饲料工业和集约化饲养条件下必须补充的饲料添加剂。

全价饲料工厂直接使用单体维生素存在着许多弊端，多数单体维生素容易在光、热、湿等条件下失去活性，而且维生素生产设备要求高、投入大、生产工艺要求高。目前生产中大量应用的是由多种维生素制剂加上载体或稀释剂制成的均质混合物，即多种维生素预混料产品（称复合维生素）。

在鹌鹑生产中常用的是禽用复合维生素制剂。氯化胆碱因有极强的碱性和吸湿性，对维生素生理效价的影响较大，尤其是液态氯化胆碱对维生素 A、维生素 K_3、维生素 B_6 等有较强的破坏作用，必须单独添加。维生素 C 有强还原性，水溶液呈酸性，维生素 B_1、维生素 B_2、维生素 B_{12} 及叶酸等极易与之相互作用而分解失效。在复合维生素中要加入抗氧化剂，如乙氧喹、丁羟基甲苯等，保证多种维生素和其他易氧化物质的稳定性。

其他单项维生素添加剂有胆碱、维生素 C、维生素 B_1、维生素 B_2、维生素 K、维生素 E、维生素 A、维生素 D_3 等，用来预防和治疗维生素缺乏症。常用的几种复合维生素添加剂的成分含量见表 17。

表 17　几种常见蛋禽用复合维生素添加剂的成分（每千克含量）

种类	白云维他	圣旺维他	牧乐维他	山东鲁维素	新杨维他
维生素 A（国际单位）	5 400 万	5 400 万	5 400 万	4 000 万	4 500
维生素 D_3（国际单位）	1 080 万	1 080 万	1 080 万	1 400 万	1 500
维生素 E（毫克）	1.5 万	1.5 万	1.5 万	4.0 万	5.0 万
维生素 K_3（毫克）	5 000	5 000	5 000	5 000	1.0 万
维生素 B_1（毫克）	2 000	2 000	2 000	6 000	3 000
维生素 B_2（毫克）	1.5 万	1.5 万	1.5 万	2.0 万	2.2 万
维生素 B_6（毫克）	3 000	3 000	–	6 000	–
维生素 B_{12}（毫克）	30	30	30	40	20

种类	白云维他	圣旺维他	牧乐维他	山东鲁维素	新杨维他
泛酸钙（毫克）	2.5万	2.5万	2.5万	5.0万	2.0万
叶酸（毫克）	500	500	500	2 000	–
烟酸（毫克）	3万	3万	3万	5万	6.0万
生物素（毫克）	–	160	–	300	–

（2）鱼肝油　鱼肝油在临床上主要用来治疗维生素A缺乏所致的夜盲症、干眼病。除此之外，还可用来增强机体抗病机能。加入饮水中可以保护上皮组织的完整健全，提高对外界病原微生物的防御作用。同时，还可影响机体蛋白质的合成和钙的吸收，从而影响鹌鹑的生长发育。但是，若长期使用，也会出现蓄积中毒发生，特别是饲料中脂类物质较多的时候，不能长期使用。

鱼肝油能降低畸形蛋，提高产蛋率。维生素A可以参与性激素的形成，在实践中，初开产的鹌鹑，在饲料配比时应保证饲料中钙、磷比为2：1。但产蛋时软壳蛋、破损蛋仍比较多，蛋形、斑点、光泽、大小均达不到要求。而且公、母混养的成年鹌鹑亦会出现该现象。如果在饮水中添加鱼肝油，各种畸形蛋数量就会明显下降，同时产蛋率也有明显提高。

产蛋高峰期的鹌鹑，在受到惊吓的时候，常四处乱撞，稍歇片刻，就会有小部分出现剧烈的神经症状（一般有5%左右）。主要表现为迅速倒地，头偏向一侧，翅膀不断地扑腾做旋转运动，间歇时低头耷翅，羽毛散乱，精神萎靡不振。小部分昏迷抽搐死亡。如果在饮水中加入治疗量的鱼肝油，鹌鹑群再受到惊吓后，一般不再出现上述症状，应激现象也得到明显缓解。

（3）微量元素添加剂　鹌鹑笼养后需要补充微量元素。主要为铁、铜、锌、锰、碘和硒的化合物，如硫酸亚铁、硫酸铜、硫酸锌、硫酸锰、碘化钾和亚硒酸钠等。目前市售的产品多是复合微量元素（有0.5%和1%两种），载体多为轻质石粉。各种微量元素化合物含量见表18。

表 18 常用添加剂（纯化合物）的微量元素含量

元素	化合物	微量元素含量(%)
铁(Fe)	七水硫酸亚铁	20.1
	一水硫酸亚铁	32.9
铜(Cu)	五水硫酸铜	25.5
	一水硫酸铜	35.8
锰(Mn)	五水硫酸锰	22.8
	一水硫酸锰	32.5
锌(Zn)	七水硫酸锌	22.75
	一水硫酸锌	36.45
	氧化锌	80.3
	碳酸锌	52.15
硒(Se)	亚硒酸钠	45.6
碘(I)	碘化钾	76.45
	碘酸钙	65.1
钴(Co)	七水硫酸钴	20.48
	一水硫酸钴	34.08

（4）氨基酸添加剂　蛋白质的生物学价值与其氨基酸组成的平衡效果有关，对于大多数饲料原料来说其氨基酸平衡效果均不佳，主要是某几种必需氨基酸的含量不足或过高。对于一般配制的家禽饲料来说有几种氨基酸最易显得不足，如赖氨酸、蛋氨酸和色氨酸等，若在饲料中能够适量补充相应的合成氨基酸则会使家禽的生产性能明显提高。鹌鹑饲料配制常用的合成氨基酸添加剂有蛋氨酸和赖氨酸，纯度为98%以上，以单项形式出售。蛋氨酸和赖氨酸在不同类型鹌鹑、不同的生长阶段鹌鹑饲料中都需要添加，氨基酸添加剂的质量标准见表19。鹌鹑饲料中缺乏赖氨酸主要表现为生长发育不良，发育迟缓。

蛋氨酸缺乏表现为啄癖、羽毛生长不良、产蛋率下降、饲料转化率下降。

表 19　几种氨基酸添加剂的质量标准

指标	L-赖氨酸	DL-蛋氨酸	DL-色氨酸
纯度(%)	≥98.5	≥98.5	≥98.5
砷(毫克/千克)	≤2	≤2	≤2
重金属(以铅计,毫克/千克)	≤30	≤20	≤20
氯化物(%)	≤0.2	≤0.2	≤0.2

（5）抗生素替代品

1）益生素　益生素又称活菌制剂或微生态制剂,主要是肠球菌、乳酸杆菌、双歧杆菌、芽孢杆菌、酵母菌等,是无毒、无副作用、无残留的绿色饲料添加剂。益生素可在消化道内增殖,产生乳酸和乙酸使消化道内 pH 值下降,并产生溶菌酶、过氧化氢等代谢产物,抑制有害细菌在肠黏膜的附着与繁殖,平衡动物消化道内的微生物群。益生素与消化道菌群之间存在生存和繁殖的竞争,限制致病菌群的生存、繁殖以及在消化道内的定居和附着,协助机体消除毒素及代谢产物。益生素可刺激机体免疫系统,提高干扰素和巨噬细胞的活性,促进抗体产生,提高免疫力和抗病能力。许多益生素具有抑制消化道内氨及其他腐败物质生成的作用。益生素可产生各种消化酶,促进动物对营养物质的消化吸收。同时,益生素还有合成 B 族维生素、维生素 K 等微量营养素及改善矿物质吸收的功能。

2）寡聚糖　寡聚糖是由一个糖基通过糖苷键连接而成的具有直链或支链结构的低聚物的总称。目前用作饲料添加剂的寡聚糖主要有低聚果糖、半乳聚糖、甘露寡糖、半乳蔗糖、大豆寡糖、低聚异麦芽糖。这些寡糖都属短链分支糖类,因其不能被动物消化,但可以被肠道有益微生物利用,从而促进有益菌群的增殖。寡聚糖因其调节动物微生态平衡的作用与活菌制剂相似,营养界称其为化学益生素。寡聚糖生理功能:促进动物生长,防止动物腹泻与便秘,增强动物免疫功能,提高动物的抗病力,减少粪便中氨气等腐败物质的产生,防止环境污染,提高动物对营养物质的吸收率和饲料的利用效率,降低血清中胆固醇的含量等。

3）酸化剂　①有机酸，如柠檬酸、延胡索酸、乳酸、乙酸、丙酸、甲酸等及其盐类。此外还有苹果酸、山梨酸和琥珀酸等。有机酸具有良好的风味，能改善饲料的适口性，参与体内营养物质的代谢，因而被广泛应用。但成本较高。②无机酸化剂，如盐酸、硫酸、磷酸，其酸性强，成本低，生产中也可添加。③复合酸化剂，是利用各种有机酸和无机酸按一定比例配合而成，具有良好的缓冲效果，能迅速降低 pH，减少营养性腹泻。

饲用酸化剂能使病原微生物的繁殖受到抑制，使有益菌增殖，具有提高消化道酶活性和营养物质消化率的作用。酸化剂还可以减少肠道微生物有害代谢产物如氨气、多胺类物质的产生，改善消化道的内环境。有些酸化剂还能直接参与机体内代谢，如柠檬酸、延胡索酸参与机体三羧酸循环，生成乳酸，通过糖异生作用释放能量。还可以络合钙、锌、铁、锰等矿物元素，促进其在体内的吸收和存留。同时，在酸性环境下，也有利于维生素 A 和维生素 D 的吸收，增强免疫机能，缓解应激。

4）酶制剂　酶广泛存在于所有生物体内。细菌、真菌等微生物是各种酶制剂的主要来源。生物体内产生的酶，经过特定加工工艺加工后的产品就是酶制剂。酶制剂分单一酶制剂和复合酶制剂。目前除植酸酶有单一酶产品外，其余饲用酶制剂大多是包含两种或多种酶的复合制剂。应用较多的有纤维素酶、葡聚糖酶、木聚糖酶、淀粉酶、蛋白酶、果胶酶和植酸酶等。添加饲用酶制剂能补充动物内源酶的不足，增加动物自身不能合成的酶，从而消除抗营养因子，改变肠道微生物群，增加肠道有益菌，促进畜禽对养分的消化吸收，提高饲料利用率促进生长。

5）抗菌肽　抗菌肽是生物体内诱导产生的一种具有强抗菌作用的多肽类物质。它广泛存在于多种生物体内，是生物体对抗外界病原侵染而产生的一系列免疫反应的产物。其分子质量小，性能稳定，具有较强的广谱抗菌能力，对革兰阳性菌及革兰阴性菌均有杀伤作用，对原虫、肿瘤也有作用。抗菌肽有着不同于抗生素的抗菌机制，其作用于微生物膜、细胞膜外膜，主要是作用于膜脂质的基质，通过物理化学机制使膜的通透性增大，破坏其屏障而达到杀伤细胞的效果。抗菌肽具有传统抗生素无法比拟的优越性，不会诱导抗药菌株的产生，有广阔的应用前景。

6)中草药添加剂　中草药安全可靠毒副作用小，其抗菌作用广泛，协同使用而不会出现抗药性。有些中草药本身就含有丰富的蛋白质、维生素和矿物元素，兼有药效和营养双重功能。中草药饲料添加剂作用有：①理气消食、助脾健胃，如陈皮、神曲、麦芽、枳实、山楂等。②活血化瘀、促进代谢，如红花、当归、益母草、鸡血藤等。③清热解毒、杀菌抗病，如金银花、连翘、荆芥、柴胡、野菊花、麦饭石等。④驱虫除积，如槟榔、贯众、使君子、百部、硫黄等，可达消痞杀虫、健脾长膘的作用。⑤宣肺化痰、止咳平喘，如用华山参、牛黄、雄黄、苍术、板蓝根、冰片、桔梗、蟾酥、青黛、马钱子、煅硼砂和百部等配制的参蟾解毒定喘丸对治疗传染性支气管炎有显著效果。利用中草药煎成汤或研磨成细末，生产出单方或复方制剂，在普通饲养条件下添加于日粮中，供动物饲用或饮用，能够预防动物疾病、加速生长、提高生产性能和改善畜禽产品质量。

四、鹌鹑的日粮配合

1. 鹌鹑饲养标准

对不同种类、性别、年龄、体重、生产目的与生产水平的鹌鹑，规定所应供给的能量和各种营养物质数量或浓度。饲养标准是鹌鹑日粮配合的依据。常用鹌鹑饲养标准见表 20 至表 26。

表 20　美国 NRC 标准（日本鹌鹑）

项目	生长期 0 ~ 5 周龄	种鹌鹑
代谢能(兆焦 / 千克)	12.13	12.13
粗蛋白(％)	24	20
蛋氨基(％)	0.5	0.45
蛋氨酸 + 胱氨酸（％）	0.75	0.7
赖氨基(％)	1.3	1
色氨酸(％)	0.22	0.19
亮氨酸(％)	1.69	1.42
苯丙氨酸 (％)	0.96	0.78

项目	生长期 0 ~ 5 周龄	种鹌鹑
苏氨酸（%）	1.02	0.74
维生素 A（国际单位 / 千克）	1 650	3 300
维生素 E（国际单位 / 千克）	12	25
维生素 D_3（国际单位 / 千克）	750	900
维生素 K_3（国际单位 / 千克）	1	1
硫胺素（毫克 / 千克）	2	2
核黄素（毫克 / 千克）	4	4
泛酸（毫克 / 千克）	10	15
烟酸（毫克 / 千克）	40	20
吡哆醇（毫克 / 千克）	3	3
胆碱（毫克 / 千克）	2 000	1 500
维生素 B_{12}（微克 / 千克）	3	3
叶酸（毫克 / 千克）	1	1
生物素（毫克 / 千克）	0.3	0.15
钾（%）	0.4	0.4
钠（%）	0.15	0.15
氯（%）	0.14	0.14
铜（毫克 / 千克）	5	5
铁（毫克 / 千克）	120	60
锰（毫克 / 千克）	60	60
锌（毫克 / 千克）	25	50

项目	生长期 0 ~ 5 周龄	种鹌鹑
硒(毫克 / 千克)	0.2	0.2
碘(毫克 / 千克)	0.3	0.3
钙(%)	0.8	2.5
有效磷(%)	0.3	0.35

表 21　美国 NRC（1994）建议的鹌鹑的营养需要量

营养物质	单位	0 ~ 6 周龄	大于 6 周龄	种鹌鹑
代谢能	兆焦 / 千克	11.72	11.72	11.72
蛋白质	%	26	20	24
蛋氨酸 + 胱氨酸	%	1.0	0.75	0.9
亚油酸	%	1.0	1.0	1.0
钙	%	0.65	0.65	2.4
有效磷	%	0.45	0.3	0.7
钠	%	0.15	0.15	0.15
氯	%	0.11	0.11	0.11
碘	毫克 / 千克	0.3	0.3	0.3
胆碱	毫克 / 千克	1 500	1 500	1 000
烟酸	毫克 / 千克	30	30	20
泛酸	毫克 / 千克	12	9	15
核黄素	毫克 / 千克	3.8	3.0	4.0

表 22　苏联畜牧科学研究所（1985）建议的鹌鹑的营养需要

营养物质	单位	7 周龄以上	1 ~ 4 周龄	5 ~ 6 周龄	肉用鹌鹑（4 ~ 6 周龄）
代谢能	兆焦 / 千克	12.2	12.6	11.5	12.9
粗蛋白质	%	21	27.5	17	20.5
粗纤维	%	5.0	3.0	5.0	5.0
钙	%	2.8	2.7	2.7	1.0
磷	%	0.7	0.8	0.8	0.8
钠	%	0.3	0.3	0.3	0.3
赖氨酸	%	1.05	1.39	0.86	1.0
蛋氨酸	%	0.44	0.6	0.37	0.43
蛋氨酸 + 胱氨酸	%	0.74	1.0	0.62	0.72
色氨酸	%	0.2	0.3	0.16	0.19
精氨酸	%	1.2	1.54	0.95	1.17
组氨酸	%	0.34	0.49	0.3	0.33
亮氨酸	%	1.21	1.81	0.98	1.18
异亮氨酸	%	0.73	0.97	0.60	0.72
苯丙氨酸	%	0.66	0.89	0.55	0.63
苯丙氨酸 + 酪氨酸	%	1.28	1.68	1.04	1.18
苏氨酸	%	0.66	0.97	0.6	0.64
颉氨酸	%	0.8	1.13	0.7	0.78
甘氨酸	%	0.84	1.12	0.69	0.82

表 23 北京白羽鹌鹑营养需要建议量

项目	0～3 周龄	4～5 周龄	种鹌鹑
代谢能(兆焦 / 千克)	11.92	11.72	11.72
粗蛋白(%)	24	19	20
蛋氨基(%)	0.55	0.45	0.5
蛋氨酸 + 胱氨酸(%)	0.85	0.7	0.9
赖氨基(%)	1.3	0.95	1.2
色氨酸(%)	0.22	0.18	0.19
亮氨酸(%)	1.69	1.4	1.42
苯丙氨酸(%)	0.96	0.8	0.78
苏氨酸(%)	1.02	0.85	0.74
组氨酸(%)	1.36	0.3	0.42
钙(%)	0.9	0.7	3
有效磷(%)	0.5	0.45	0.5
钾(%)	0.4	0.4	0.4
钠(%)	0.15	0.15	0.15
氯(%)	0.2	0.15	0.15
铜(毫克 / 千克)	7	7	7
铁(毫克 / 千克)	120	100	60
锌(毫克 / 千克)	100	90	60
锰(毫克 / 千克)	300	300	500
碘(毫克 / 千克)	0.3	0.3	0.3
硒(毫克 / 千克)	0.2	0.2	0.2

项目	0~3周龄	4~5周龄	种鹌鹑
维生素 A（国际单位 / 千克）	5 000	5 000	5 000
维生素 D（国际单位 / 千克）	1 200	1 200	2 400
维生素 E（国际单位 / 千克）	12	12	15
维生素 K（国际单位 / 千克）	1	1	1
核黄素（毫克 / 千克）	4	4	4
烟酸（毫克 / 千克）	40	30	20
维生素 B$_{12}$（微克 / 千克）	3	3	3
胆碱（毫克 / 千克）	2 000	1 800	1 500
生物素（毫克 / 千克）	0.3	0.3	0.3
叶酸（毫克 / 千克）	1	1	1
硫胺素（毫克 / 千克）	2	2	2
泛酸（毫克 / 千克）	10	12	15
吡哆醇（毫克 / 千克）	3	3	3

表 24　法国 AEC(1993) 建议的鹌鹑日粮营养需要

营养成分	生长鹌鹑		种鹌鹑
	0~3周龄	4~7周龄	
代谢能（兆焦 / 千克）	12.13	12.13	11.72
粗蛋白质（%）	24.5	19.5	20
赖氨酸（%）	1.41	1.15	1.10
蛋氨酸（%）	0.44	0.38	0.44

营养成分	生长鹌鹑		种鹌鹑
	0～3周龄	4～7周龄	
蛋氨酸＋胱氨酸(％)	0.95	0.84	0.79
苏氨酸(％)	0.78	0.74	0.64
色氨酸(％)	0.2	0.19	0.21
钙(％)	1	0.90	3.5
总磷(％)	0.70	0.65	0.68
有效磷(％)	0.45	0.40	0.43

表25　法国肉子鹑的营养需要

营养成分	0～7日龄	8～28日龄	29～42日龄	43日龄至出售
代谢能(兆焦/千克)	12.23	12.34	12.45	12.60
粗蛋白(％)	28	26	24	20
钙(％)	1.05	1.05	1.03	1.00
磷(％)	0.78	0.78	0.8	0.8
无机盐(％)	8.5	5	5	6.5
脂肪(％)	3.2	5	6.5	7
纤维素(％)	3	4	4	5
蛋氨酸(％)	0.36	0.36	0.45	0.45
蛋氨酸＋胱氨酸(％)	0.80	0.80	0.89	0.89
赖氨酸(％)	0.80	0.89	1.10	1.10

表 26　肉用种鹌营养需要

项目	代谢能(兆焦/千克)	粗蛋白(%)	钙(%)	总磷(%)
生长期	12.23	21.4	1.05	0.78
产蛋期	11.42	20	2.33	0.85

2. 鹌鹑日粮配合应注意的问题

(1)饲料原料的多样化　在进行鹌鹑的日粮配合时，饲料的品种应多一些，使不同饲料的营养成分能互相补充，达到全价和平衡。

(2)饲料原料来源可靠　饲料的来源应可靠，以保证配方相对稳定，避免更换配方造成大的应激，保证饲料价格合理。尽量选择当地生产、价格便宜的饲料原料，以降低饲料成本。

(3)注意粗纤维含量　鹌鹑对粗纤维的消化能力很有限，要选择粗纤维含量低、容易消化吸收的饲料原料，特别是在育雏期和产蛋期。

(4)适口性与安全性　注意饲料原料的品质和适口性，饲料的品质优良，不能用发霉变质的饲料，有条件时应对饲料成分、清洁度、卫生指标进行分析测定。

(5)营养浓度要高　鹌鹑的消化道容积小，所以饲料的体积也应小，青粗饲料用量不宜过多。应按照饲养标准配备饲料，既要满足鹌鹑的营养需要，又不能营养过多。

(6)混合均匀　各种添加剂(氨基酸、多种维生素、微量元素)计量准确，各种饲料配合好后进行粉碎，一定要混合均匀，特别是一些微量成分（微量元素和维生素等添加剂），要采取逐级混合法。粒度要在 1 毫米以内。

3. 日粮配合的方法

鹌鹑的饲养标准中，规定了近 30 种营养成分的指标，饲料供应部门多应用配方软件进行科学配料。一般养鹑场和养鹑专业户，可采用以下简略方法：首先根据饲养标准，将需要计算的各种营养成分标准列出，将各种饲料的比例确定，将各种饲料所含营养成分的量计算出来，合计配方中各营养成分的总量，与饲养标准对照，如与标准不符，应进行调整，直至与标准基本相符。若某种氨基酸成分不够，调整配方仍不能达到标准，可以以添加剂形式加入，最后按配方饲喂；先检验配方效果是否令人满意，若有问题，还应调整，一旦确定，不要轻易改动。

配料时，常规饲料的一般比例是：①能量饲料（谷物类）2～3种，比例60%～70%。②糠麸类1～2种，比例5%～10%。③植物性蛋白质饲料（饼粕类）2～3种，比例20%～30%。④动物性蛋白质饲料（鱼粉、肉骨粉、蚕蛹粉等）1～2种，比例10%～15%。⑤矿物质饲料（骨粉、石粉、食盐等）2%～6%。⑥添加剂类（微量元素、维生素、药物等）0.5%～1.0%。

4. 饲料配方示例

生产中饲料配方实例见表27、表28。

表27　蛋用型鹌鹑及种鹑的配方实例

饲料	育雏期（0～20天）			育成期（21～40天）			产蛋期及种用期（41天以后）		
	1	2	3	1	2	3	1	2	3
玉米(%)	54	49.5	53	60	52	57.6	58	49	59
豆粕(%)	25	28	32	19.6	17.6	22	20	22	20
菜籽饼(%)	–	3	–	3		5	3	–	–
酵母粉(%)	2	–	–				–	–	3
麸皮(%)	4.2	–	4.7	10	10	10	–	–	–
骨粉(%)	1.0	1.46	1.46	1.47	1.47	1.47	1.55	1.55	1.55
石粉(%)	–	–	–	–	–	–	5.5	5.5	5.5
食盐(%)	0.16	0.2	0.2	0.3	0.3	0.3	0.3	0.3	0.3
蛋氨酸(%)	0.1	0.1	0.1	0.1	0.1	0.1	0.1	0.1	0.1
微量元素(%)	0.5	0.5	0.5	0.5	0.5	0.5	0.5	0.5	0.5
多种维生素(%)	0.04	0.04	0.04	0.03	0.03	0.03	0.05	0.05	0.05
代谢能（兆焦/千克）	11.96	12	11.87	11.86	11.89	11.72	11.58	11.57	11.65

饲料	育雏期 （0～20天）			育成期 （21～40天）			产蛋期及种用期 （41天以后）		
	1	2	3	1	2	3	1	2	3
钙(%)	1.1	1.12	1.02	0.88	0.99	0.81	3.09	3.08	3.09
磷(%)	0.84	0.81	0.8	0.76	0.81	0.75	0.79	0.79	0.83

表28　肉子鹑的配方实例

饲料	0～15天			16～35天		
	1	2	3	1	2	3
玉米(%)	54.65	54	52.1	65.2	62.8	64
国产鱼粉(%)	9.0	6.0	3.0	10	6.0	3.0
石粉(%)	0.5	0.5	0.5	0.5	0.5	0.5
食盐(%)	0.1	0.2	0.3	0.1	0.2	0.3
赖氨酸(%)	0.1	0.1	0.10	–	0.06	0.16
蛋氨酸(%)	0.1	0.13	0.15	0.06	0.1	0.1
微量元素添加剂(%)	0.5	0.5	0.5	0.5	0.5	0.5
禽用多种维生素(%)	0.05	0.05	0.05	0.04	0.04	0.04
代谢能（兆焦/千克）	12.07	11.94	11.89	12.56	12.38	12.33
粗蛋白质(%)	24.6	24.2	24.4	21.2	21.4	20.1
钙(%)	1.0	1.0	0.94	0.94	0.86	0.81
磷(%)	0.71	0.70	0.68	0.62	0.60	0.59

五、鹌鹑饲料的种类

1. 全价配合饲料

根据各个阶段鹌鹑的营养需要，将多种饲料原料按照科学配方和加工方法制成的全价饲料，直接喂给鹌鹑，不再添加其他物质。全价配合饲料应用简单方便，适合中小型饲养场采用，不需购买其他原料，且品质较为稳定。对于大型饲养场来说运输成本增加，最好采用浓缩饲料或添加剂预混合饲料。

2. 浓缩饲料

将预混合饲料、矿物质饲料、合成氨基酸和某些蛋白质饲料，按一定比例混合，使用前只需加入能量饲料就可成为全价配合饲料。浓缩饲料一般占全价饲料的比例为30%～40%，应有明确的标签说明。

3. 添加剂预混合饲料

添加剂预混合饲料是将全价饲料中除去能量饲料和蛋白质饲料以外的部分（微量元素、维生素、矿物质）混合而成的小料。在规模化鹌鹑生产中，有时购买大量的全价配合饲料会增加运输成本，而且不能利用当地的饲料原料（如玉米、豆粕等）。不同类型的饲料如雏鹑料、子鹑料、育肥料、种鹑料等有各自的预混合饲料，主要成分为维生素、微量元素和其他添加剂。添加剂预混料有1%、2%、5%等多种，应有明确的标签说明。

六、鹌鹑饲料的料型

鹌鹑饲料根据颗粒大小和形状分为粉状料、颗粒料和碎粒料3种。

1. 粉状料

将各种饲料原料粉碎，按饲料配方比例混合而成，细度大约0.25毫米。粉状饲料的生产设备及工艺简单，加工成本低，适合饲养户自配料时采用。粉状料营养全面、饲喂方便，在鹌鹑生产中应用较普遍，存在问题是容易引起鹌鹑挑食，造成浪费。如果粉碎太细会造成鹌鹑采食困难，容易噎死，可以拌湿饲喂。

2. 颗粒料

以粉状料为基础，经过蒸汽加压处理而制成颗粒状。需要特殊的饲料加工设备（锅炉、颗粒机等），加工成本高，一般只有大型饲料场才能加工。颗粒料经过压缩，营养浓度高，易采食，迎合了鹌鹑采食习性，但因为采食所需时间减少，容易引发啄羽癖。

3. 碎粒料

通过机械方法将颗粒料破碎加工成细颗粒，适合雏鹑采食。碎粒料应用效果很好，但加工成本也最高，普通饲养户无法加工。用市场上的鸡用破碎料时，颗粒大，刚出生的雏鹌鹑吞不下，要经粉碎才能食用，经 1.5～2.0 毫米筛的粉料可以进食。

七、鹌鹑饲料的加工要求

1. 饲料原料的质量要求

具有该品种应有的色、味和形态特征，无发霉、变质、结块、异味及异嗅。饲料原料中有害物质及微生物允许量符合相关规定要求。配合饲料中含有的饲料添加剂，应有相应说明。禁用制药工业副产品及各种抗生素滤渣。

2. 饲料添加剂要求

配合饲料中使用的饲料添加剂产品应由取得饲料添加剂产品生产许可证的正规企业生产，具有产品批准文号。具有该品种应有的色、味和形态特征，无发霉、变质、异味。有害物质及微生物允许量符合相关标准的规定要求。饲料中使用的营养性饲料添加剂和一般性饲料添加剂产品，为相关标准所规定的品种，或取得产品批准文号的新饲料添加剂品种。药物饲料添加剂的使用按照相关标准执行。饲料添加剂产品的使用应严格按照产品标签所规定的用法、用量。

3. 配合饲料、浓缩饲料和添加剂预混合饲料要求

色泽一致，无霉变、结块及异味。有毒有害物质及微生物允许量符合相关标准的规定要求。产品成分分析保证值应符合标签中所规定的含量要求。肉用鹌鹑配合饲料、浓缩饲料和添加剂预混合饲料中严禁使用违禁药物。

4. 加工过程要求

饲料企业的工厂设计与设施及生产过程的卫生管理符合相关标准的规定要求。饲料加工过程中的配料、混合、制粒过程按相关标准中的要求执行。新接受的饲料原料和各批次的饲料产品应保留样品。留样应设标签，注明饲料品种、生产日期、批次、采样人，建立档案由专人负责保管。样品保留至该批产品保质期满后 3 个月。

八、鹌鹑饲料的包装、储藏和运输

1. 包装

饲料标签符合相关标准的有关规定。饲料包装完整，无漏洞，无污染。包

装材料符合相关标准的要求。包装印刷油墨应无毒，不向内容物渗漏。重复使用包装物应符合《饲料和饲料添加剂管理条例》的有关规定。

2. 储藏

饲料储存应符合相关标准的要求。不合格和变质饲料应做无害化处理，不应存放在饲料存储场所内。饲料存储场地不应使用化学灭鼠药等。

3. 运输

运输工具应符合相关标准的要求。运输作业应防止污染，保持包装的完整。不应使用运输畜禽等动物的车辆运输饲料产品。饲料运输工具和装卸场地应定期清洗和消毒。

专题五
鹌鹑养殖设施

专题提示

1. 鹌鹑场场址选择。
2. 鹌鹑场场区规划。
3. 鹌鹑舍的建造。
4. 鹌鹑养殖设备选择。

一、鹌鹑场场址选择

1. 交通条件

鹌鹑养殖场应选择交通便利的地方，方便饲料、产品等物资的运输。10万只规模鹌鹑饲养场年消耗饲料900吨，生产鹌蛋300吨，鹌粪500吨。但为了防疫要求，应远离铁路、交通要道、车辆来往频繁的地方，距离干线公路1000米以上，距离村、镇居民点至少1000米。一般做法是修建专用辅道，与主要公路相连。为了减少道路修建成本，应选择地势平坦、距离主要公路不能太远的地方。

2. 供电稳定

现代化养鹑离不开稳定的电力供应。鹑舍照明，种蛋孵化，饲料生产，育雏供暖，机械通风，饮水供应以及生活等都离不开电。养鹑场必须建在电力供应稳定的地方。

3. 保护环境

鹌鹑养殖小区应参照国家有关标准的规定，避开水源防护区、风景名胜区、人口密集区等环境敏感地区，远离村镇、城市边缘，避免粪便、污水对环境的影响。养殖小区要配套建设粪便、污水处理设施，集中处理粪便，变废为宝，增加养殖收入。

4. 防疫要求

不要在土质被传染病或寄生虫、病原体所污染的地方和旧养禽场上建场或扩建。场址应与集贸市场、兽医院、屠宰场、畜禽养殖场距离 3 000 米以上。种鹌场、孵化场和商品(肉、蛋)鹌场必须严格分开,相距 500 米以上,并要有隔离林带。

5. 远离工厂

鹌鹑养殖小区应远离重工业工厂和化工厂。因为这些工厂排放的废水、废气中,经常含有重金属、有害气体及烟尘,污染空气和水源,不但危害鹌群健康,而且这些有害的物质在蛋和肉中积留,对人体也是有害的。养鹌场,鹌蛋、鹌肉运输储存的环境质量应符合《农产品安全质量 无公害畜禽肉产地环境要求》(GB/T18407.3—2001)的规定。周围 3 000 米内无大型化工厂、采矿厂。

6. 远离噪声

鹌鹑养殖小区应尽量选择在安静的地方,避免鹌群受到应激影响,特别是产蛋阶段鹌鹑对噪声非常敏感。养鹌场距离飞机场、飞机刚起飞后通过的区域、铁路、公路、炮兵营、靶场要有一定的距离。

7. 地形地势

养鹌场应选择地势高燥、背风向阳、平坦开阔、通风良好的地方建场。地势高燥有利于排水,避免雨季造成场地泥泞、鹌舍潮湿,平原地区应避免在低洼潮湿或容易积水处建场,地下水位在 2 米以下。背风向阳的地方冬季鹌舍温度高,可降低育雏费用,而且阳光充足,有利于鹌群健康。

8. 地质土壤

要求土质的透气、透水性能好,抗压性强,以沙壤土为好。土壤质量符合国家标准(GB 15618—1995)的规定。根据土壤应用功能和保护目标,养鹌场为Ⅰ类土壤环境质量,执行一级标准(表 29)。

表29　土壤质量一级标准

项目	单位	指标
pH		自然背景

项目	单位	指标
砷	毫克/千克	≤ 15
汞	毫克/千克	≤ 0.15
铅	毫克/千克	≤ 35
铜	毫克/千克	≤ 35
铬	毫克/千克	≤ 35
镉	毫克/千克	≤ 0.20
锌	毫克/千克	≤ 100
镍	毫克/千克	≤ 40
六六六	毫克/千克	≤ 0.05
滴滴涕	毫克/千克	≤ 0.05

注：①重金属（铬主要是三价）和砷均按元素量计。②六六六为四种异构体总量，滴滴涕为四种衍生物总量。

9. 水源水质

应确保地下水源丰富、水质好、无污染，无异臭或异味，还要了解水质酸碱度、硬度、透明度、有害化学物质含量。与水源有关的地方病高发区，不能作为无公害家禽产品的生产、加工地。养鹑场周围 500 米范围内，水源上游没有对产地环境构成威胁的污染源，包括工业"三废"、农业废弃物、医院污水及废弃物、城市垃圾和生活污水等污物。水质符合《无公害食品 畜禽饮用水水质》（NY/T 5027）的要求。畜禽饮用水质量指标见表 30。

表 30　畜禽饮用水质量指标

项目	单位	指标
pH		6.5 ~ 8.5

项目	单位	指标
砷	毫克/升	≤ 0.05
汞	毫克/升	≤ 0.001
铅	毫克/升	≤ 0.05
铜	毫克/升	≤ 1.0
铬（六价）	毫克/升	≤ 0.05
镉	毫克/升	≤ 0.01
氰化物	毫克/升	≤ 0.05
氟化物（以氟计）	毫克/升	≤ 1.0
氯化物（以氯计）	毫克/升	≤ 250
六六六	毫克/升	≤ 0.001
滴滴涕	毫克/升	≤ 0.005
细菌总数	个/升	≤ 100
大肠菌群	个/升	≤ 3

10. 空气质量

养殖场空气质量是影响鹌鹑生长、繁殖、健康和产品质量的重要因素。鹑舍中的氨主要来自粪便排泄物等含氨有机物的分解，特别是在厌氧条件下的腐败分解。氨具有强烈的挥发性，对眼、上呼吸道黏膜产生刺激，进入血液可结合血红蛋白造成组织缺氧，甚至造成氨中毒。养鹑场周围环境、空气质量应符合《畜禽场环境质量标准》（NY/T 388）的要求。饲养场空气环境质量应符合表31的要求。

表 31　禽场空气环境质量指标

项目	单位	场区	鹑舍	
			雏鹑	成鹑
氨气	毫克/米^3	5	10	15
硫化氢	毫克/米^3	2	2	10
二氧化碳	毫克/米^3	750	1 500	
可吸入颗粒	毫克/米^3	1	4	
总悬浮颗粒物	毫克/米^3	2	8	

二、鹌鹑场场区规划

鹌鹑饲养场生产区、生活区与行政区应严格分离。场区大门和生产区门要设有车辆和人员专用通道，车辆和饲养人员经过严格消毒后才能进入场区和生产区。生产区又分为育雏区、商品蛋鹑区、种鹑区、孵化室、饲料房、兽医室等功能区。各区之间要有一定距离，按照风向布局，从上风头到下风头依次为育雏区、孵化室、饲料房、种鹑区、商品蛋鹑区、兽医室。饲养人员、鹌鹑和物资运转应采取单一流通方式，净道与污道分流，避免交叉污染。鹌鹑饲养场还应建有专门的消毒室、隔离舍、病死鹌鹑无害化处理间。无害化处理间应距鹌鹑饲养舍主风向下风口 50 米以上。鹌鹑饲养场应建有与饲养规模相配套的污水、污物处理设施。污水、污物排放符合 GB 18596 的规定。鹌鹑饲养场的环境质量应达到 NY/T 388 的规定。

防疫设施健全，饲养场的大门入口处应设有消毒池。生产区入口处应设有更衣换鞋室、消毒室或沐浴室。鹌鹑舍入口处应设有消毒池或消毒盆。鹌鹑舍应配备防止其他动物(飞鸟、老鼠、野兽)入内的防护设施。

三、鹌鹑舍的建造

　　鹌鹑属于高产家禽，需要舍内饲养，尽量给鹌鹑创造稳定的生活与生产环境，保证全年均衡生产。鹌鹑舍是鹌鹑采食饮水、生长发育、交配、产蛋的场所，鹌鹑舍的环境条件直接影响鹌鹑生产水平和健康状况。家庭养鹑，不必特意建造鹑舍，可以利用空闲房屋，但饲养数量较多的专业养鹑户，就必须建设标准的鹑舍。

　　鹑舍建造主要考虑以下几个条件：

　　1. 保温隔热性能好

　　鹌鹑对温度极为敏感，尤其是低温。雏鹑的最适温度为 30～36℃，成年鹌鹑的最适温度为 20～25℃。产蛋舍内温度若低于 10℃，鹌鹑产蛋率会显著下降，甚至停产换羽；产蛋舍温度若高于 30℃，鹌鹑张嘴呼吸，食欲减退，产蛋率下降，蛋壳变薄。因此，鹌鹑舍建造时墙体、房顶要厚实，最好中间有隔热层，内部要设置顶棚。门窗设计要严密，北侧窗户要小，冬季封闭不用。

　　2. 采光条件好

　　充足的光照可以促进鹌鹑机体新陈代谢，从而增进食欲，提高生长速度，同时还能促进性成熟和提高种鹌鹑产蛋率。鹌鹑舍的建筑一般应坐北朝南或坐西北朝东南，以利于自然采光，降低人工光照成本。鹑舍向阳侧窗户应稍大，占整个墙面的 1/3。笼养蛋鹑每天需要保持 16～18 小时光照；自然光线不足时，要采用人工补充光照。采光良好的鹌鹑舍可以节省电能消耗。

3. 通风良好

鹌鹑舍要留有进出气口，保证鹌鹑舍通风良好，可使鹌鹑舍保持干燥，降低鹌鹑舍内氨气和二氧化碳等有害气体的含量，确保鹌鹑正常的新陈代谢，从而有利于鹌鹑的健康生长发育。一般需要安装排气风扇，进行负压通风。夏季通风良好，还可以降低鹌鹑舍的温度、湿度，减少热应激。一般要求舍内相对湿度为55%，潮湿闷热环境易诱发球虫病、肠胃炎与禽霍乱等疾病。在南方潮湿地区建舍，地面要有防潮层。

4. 有利于消毒

鹌鹑舍内以水泥地面为好，便于清洗，能耐酸、碱等消毒药液的浸泡。地面应平整、光滑、略有坡度，不积水。还应留有下水道口，以便冲洗和消毒。

5. 坚固严密

鹌鹑舍必须坚固，以防鼠、猫和黄鼠狼等天敌入侵。还应有防鸟设备，防止飞鸟进入，传播疫情。在进出气孔、下水道口、窗户都要设置铁丝网，防止其他动物进入。

四、鹌鹑养殖设备选择

1. 笼具

养殖鹌鹑主要设备为笼具，目前尚无定型产品，可按照不同生长阶段自制笼具。

（1）雏鹑笼　主要供 0～3 周龄的雏鹑使用，也可以养到 5 周龄转入产蛋笼。育雏笼一般为叠层式，4～6 层，规格为 120 厘米 ×60 厘米 ×25 厘米，底网为 6 毫米 ×6 毫米或 10 毫米 ×10 毫米金属镀锌网板，网底设承粪盘（图20）。单笼放入 150 只雏鹑。为了保证雏鹑腿部的正常发育，育雏前 1 周要求在笼底铺上垫布，经常清洗更换。给温室用木板或塑料制作，正面设玻璃小窗，便于观察。热源可采用白炽灯、电热丝（300 瓦、串联、均匀分布）、电热管（板）等。配置专用料盘与饮水器。

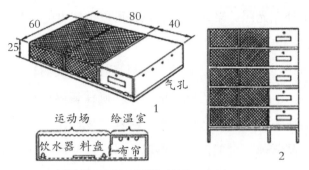

图20　鹌鹑育雏笼（单位：厘米）

1.单层规格 2.横截面

（2）子鹑笼　供4～6周龄种用鹌鹑使用，也可以饲养育肥子鹑，与成鹑笼结构相同。育肥笼单层高度12～15厘米，以减少鹌鹑跳跃，利于育肥。笼顶要设置塑料纱窗或纱布，防止鹌鹑头部受伤（图21）。

图21　子鹑笼

（3）产蛋笼　专供产蛋鹑使用。产蛋笼要求适度宽敞，确保蛋鹑正常配种、采食、饮水和减少破蛋率。按笼子形状来分，有重叠式（图22）、阶梯式两种（图23）。其中重叠式占地面积少，造价低，生产中应用较普遍。重叠式共6层，总高度150厘米，每层笼前沿高16厘米，后沿高13厘米，加上承粪板共25厘米。承粪板用胶板，耐腐蚀，也可以2～3层接一张承粪板，这样可以降低清粪劳动强度。笼壁棚条间距2.5厘米，底网网眼20毫米×20毫米或20毫米×15毫米。产蛋笼（种鹑笼）底网有一定倾斜度，便于鹑蛋滚到集蛋槽；集蛋槽宽度18厘米，可以存放鹌鹑2天所产的蛋。阶梯式产蛋笼可以设计成刮粪板自动清粪，料机自动喂料，但要注意料槽要足够深，防止洒料，见图24。

图22　重叠式产蛋笼

图23　阶梯式产蛋笼

图24　带自动加料、自动清粪的产蛋笼

（4）种鹑笼　为了便于鹌鹑交配，种鹑笼要适当增加高度，每层笼加承粪板总高度由商品蛋鹑的25厘米增加到30厘米，总层数由6层减为5层（图25）。饲养密度，蛋种鹑60只／米^2，肉种鹑48只／米^2。

图25　五层种鹑笼

2. 火炕育雏（图26）

火炕育雏费用低，成活率高，但饲养数量有限，不适合规模化生产。火炕炉灶设在舍外，饲养密度为200只／米^{2}左右。见图26。

图26　火炕育雏

3. 育雏网床

网床育雏是一种比较先进的鹌鹑育雏工艺，尤其适合10～15天的雏鹑。特点是在一个平面进行育雏，便于饲养人员加料、加水，观察鹑群，而且光照强度合理，育雏成活率高。网面大小根据房舍面积而定，要求方便网床摆放，中间需要留有走道，方便饲养人员走动。

（1）网床设计一（图27）　网床底网离地高度100厘米，边网高度30厘米，网长250厘米，网宽100厘米，可以饲养15天以内雏鹑500只，15天以后可以转入产蛋笼饲养。

图27　网床一

（2）网床设计二（图28）　网床底网离地高度60厘米，边网高度30厘米，网长210厘米，网宽150厘米，可以饲养10天以内雏鹑800只，10天以后可以转入子鹑笼饲养。

图28　网床二

4. 料盘与料槽

平养雏鹑用料盘喂料，料盘均匀摆放在火炕上。料盘用雏鹑料盘即可，开食完成后上面加装料桶（图29），避免雏鹑进入料盘中造成饲料浪费。鹌鹑上笼后需要用料槽喂料，料槽挂在笼边，方便采食。料槽一般用铁皮、塑料、木板等制成，要求便于添料、冲洗和消毒。在料槽内饲料上铺上一块铁丝网，网眼 10 毫米 ×10 毫米，防止鹌鹑把饲料钩出槽外（图 30）。

图 29　雏鹑料桶

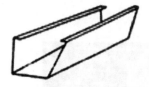 

图 30　笼养料槽与铁丝网片

5. 饮水器

平养育雏期鹌鹑需要用自制简易饮水设备，普遍采用的方法为用玻璃罐头瓶装上水后倒扣在一个小瓷碟上，小碟中比较浅的水面可供雏鹑饮用，避免雏鹑把羽毛弄湿（图 31）。网床育雏时多采用自动杯式饮水器（图 32）。上笼后的鹌鹑现在普遍用自动杯式饮水器饮水（图 33），连接自来水管或储水罐，自动饮水杯设置在每层笼的两侧即可，也可以用自制饮水杯（罐）挂在笼子前网一侧。

图 31　雏鹑饮水器

图 32　网床育雏饮水器

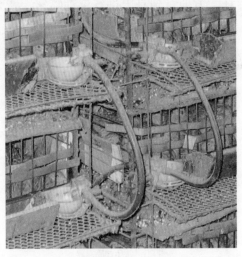

图 33　笼养杯式饮水器

6. 喷雾消毒设备

喷雾消毒设备主要用于对消毒对象喷洒雾化的消毒药物，杀灭消毒对象表面的微生物。

（1）推车式喷雾消毒设备（图 34）　其组成包括推车式车架 1 个、卷管架 1 套、2 280 升不锈钢水箱 1 个、胶管（直径 8 毫米）50 米、四孔喷枪 1 支（或可调喷枪 1 支）、电机 1 台、泵 1 台。设备在开启后水箱内的消毒药水通过胶管进入喷枪，在高压力的作用下，消毒药水呈雾状从喷嘴内喷出，将水雾喷洒在物体的表面。

图 34 推车式喷雾消毒设备

（2）背负式喷雾器（图 35 ） 一种背负杠杆式手动喷雾器，其组成主要包括储液桶、背带及喷杆，方便背到身上进行手动喷雾。背负式喷雾器不会漏水和药液，操作简单、安全、轻便。

图 35 背负式喷雾器

7. 断喙器

采用低速电机，通过链杆传动机件，带动电热刀片上下运动，并与喙部定位刀架对刀，快速完成断喙。使用电压 220 伏，功率 220 ～ 250 瓦。台式电热断喙器如图 36 所示。

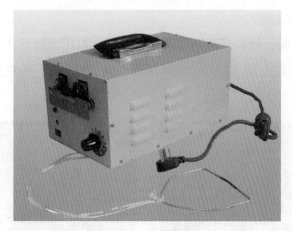

图 36 台式电热断喙器

8. 蛋筐

鹌鹑蛋在进行收集、储存、运输时需要用到蛋筐。拣蛋时用小型拣蛋筐（图37），方便拣蛋人员手持。塑料储蛋筐（图38）适合商品蛋储存与运输，每筐能装鹌鹑蛋 15 千克左右。

图 37 拣蛋筐

图 38 塑料储蛋筐

9. 周转笼（图 39）

周转笼用于鹌鹑转群或商品鹌鹑出售时。一般用细钢筋作框，由塑料网片围成。转群周转笼长 75 厘米、宽 60 厘米、高 30 厘米，每笼分为两层，可以周转雏鹑 200～300 只。

图 39　周转笼

10. 加料车（图 40）

加料车为上宽下窄大轮车。上口宽 50 厘米，下底宽 40 厘米，深 40 厘米，长 150 厘米，每次可以装料 120 千克。

图 40　加料车

11. 育雏加温设备

鹌鹑育雏期对温度的要求较高，根据育雏规模和饲养方式的不同，需要选择合适的加温设备。

（1）水暖加热（暖气）　是一种传统的房舍加热方法，主要用于民用加热，现在已经广泛用于家禽养殖育雏舍的供温。水暖加热由燃煤或燃气锅炉、热水管道、水循环泵、散热片、散热风机等组成，运行平稳，不易造成鹑舍太干燥，温度可以实现自动控制，用于规模化鹌鹑育雏。水暖加热系统见图41。

图41　水暖加热系统

（2）热风炉　热风炉是一种先进的供暖装置，广泛应用于畜禽舍加温。热风炉由室外加热炉、室内送风管道等部分组成，以烧煤为主。此种设备加热的缺点是容易造成鹌舍湿度过低，在使用过程中要注意加湿。热风炉见图42。

图42　热风炉

（3）火道加热　火道加热是养殖户使用较多的一种加温方式。根据火道位置不同分为地上火道、地下火道、网下火道等几种类型。火道加热要注意火道要密封好，炉灶要设在舍外，墙外侧要建一个较高的烟囱，烟囱应高出鹌舍1米左右。火道加热建造成本低，对地面平养育雏、网上平养育雏较为适宜。网下火道及炉灶见图43。

图43　网下火道及炉灶

（4）火炉供温　火炉由炉灶和铁皮烟筒组成。炉灶可以放在室内，也可以设在室外。炉上加铁皮烟筒，在室内提供热量后，烟筒伸出室外。烟筒的接口处必须密封，以防煤烟漏出使雏鹑发生煤气中毒死亡。此方法适合于中等规模的养鹑场使用，方便简单，但温度不稳定，容易造成忽冷忽热，要注意夜间管理，后半夜如果煤炉灭火会造成雏鹑打堆压死。

专题六
蛋用型鹌鹑饲养管理

专题提示

1. 育雏期鹌鹑的饲养管理。
2. 育成期鹌鹑的饲养管理。
3. 产蛋期鹌鹑的饲养管理。
4. 种鹌鹑的选择。
5. 鹑蛋的收集与包装。
6. 夏季蛋鹑高产措施。
7. 冬季蛋鹑稳产措施。

一、育雏期鹌鹑的饲养管理

1. 雏鹑生长发育特点

育雏期的鹌鹑生长发育迅速，初生蛋用鹌鹑仅重6~8克，到6周龄时长到110~130克，为初生重的15~16倍。雏鹑体小娇弱，对环境的适应性差，体温调节机能不健全，体温比成年鹌鹑体温低2~3℃，一般为39℃，1周以后逐渐达到成鹑体温，因此育雏阶段需要提供较高的环境温度。雏鹑消化器官容积小、消化能力差，要求饲料养分含量高、容易消化吸收，颗粒较小，便于采食。

2. 育雏方式的选择

（1）笼养育雏（图44）　笼育有很多优点，育雏环境容易控制、清洁卫生、育雏量大。小规模饲养用育雏笼单层，规模化饲养普遍采用叠层式多层育雏笼，3~5层。单笼放入150只雏鹑。为了保证雏鹑腿部的正常发育，育雏第一周要求在笼底铺上垫布，不能用太光滑的纸或塑料布，以免雏鹑运动时因打滑而扭伤关节。垫布要经常清洗更换。白羽鹌鹑视力差，不适合立体笼育。

图44　笼养育雏

　　（2）火炕育雏（图45）　我国广大城镇、农村小型养鹑户，常常采用平面育雏，育雏效果也很好，但饲养数量有限。火炕育雏在北方地区较为普遍，具有投资小、育雏效果好等优点。每平方米炕面可以饲养150～200只。

图45　火炕育雏

　　（3）网床育雏（图46）　网床育雏是一种较为先进、合理的育雏方式，与笼养育雏比较，网床育雏便于观察，雏鹑光照条件较好，有利于采食与饮水。网床育雏成活率高达95%以上，是中等规模养殖户最佳的育雏方式。但要注意，雏鹑在网床上的生活最多15天，然后要转入产蛋笼或育成笼中饲养。因其已经具备飞翔与跳跃能力，会飞到室内地面，不能很好采食饮水而出现死亡。

图46　网床育雏

（4）地面垫料育雏（图47）　将鹌鹑直接养在铺设垫料的地面进行育雏，此方法迎合了鹌鹑的原始习性，雏鹑活动量大，腿部发育好，但育雏规模受到限制。另外雏鹑与粪便直接接触，要做好球虫病的预防。在北方气候干燥地区，地面垫料育雏也是一种投资较小的育雏方式。地面垫料育雏要求垫料干燥、松软，可以利用地上、地下火道供暖，注意将灶膛设置在育雏舍外，避免出现燃烧造成鹑舍氧气不足。

图47　地面垫料育雏

3. 育雏舍（图48）的建造要求

鹌鹑育雏需要较高的温度，因此育雏舍首先要求保温性能良好，尽量减少鹑舍各部位温差。育雏舍墙壁和顶棚要加设隔热保温层。育雏舍高度2.8～3.0米，太高不利于鹑舍升温与保温。育雏舍要有配套加温设施，保证达到育雏所需要的温度。小型养殖户多用煤炉，大型养殖场多采用水暖、热风炉。育雏舍窗户要求小而少，既满足通风要求，又有利于保温。为了方便通风，育雏舍最好设置专用进气口和排气口。进气口设在较高位置，一般在房檐下，进气管向下弯曲，防止堵塞，内设挡板，使进入鹑舍的气流向上，不能直接吹到雏鹑。排气口应设置在进气口的另一端，靠近墙角处，排气口装风机，定时开动风机，进行负压通风。夏季外界气温高时，可以打开窗户自然通风。为了便于冲洗和消毒，育雏舍墙壁、地面、顶棚要求光滑，不吸水。密闭性好的鹑舍，空舍熏蒸消毒效果好。

图48　育雏舍

4. 育雏前的准备工作

（1）育雏舍清洁消毒和设备维修　每批雏鹑转出后，首先拆除所有设备（笼具、饮水器、料槽、育雏伞等），清除舍内的灰尘、粪渣、羽毛、垫料等杂物。然后用高压水龙头或清洗机将房舍自上而下冲洗干净，用火碱进行喷洒消毒。然后对育雏舍排气口、进气口、门窗、电源、风机进行维修。

育雏笼笼网上面的灰尘、粪渣、羽毛等用水和刷子冲刷干净，笼具可以用火焰消毒法消毒。承粪板清洗干净后要用酚类消毒剂浸泡消毒。维修损坏或不合格的笼网。清洗料盘、料槽、水槽及其他饲养用具，然后浸泡消毒。最后放置饮水、采食设备。检查电路、通风系统和供温系统。接雏前1周对鹑舍设备进行熏蒸消毒。每立方米空间用福尔马林42毫升和高锰酸钾21克，一同放入陶瓷盆中，密闭鹑舍48小时。

（2）育雏用品的准备　育雏用品包括育雏期配合饲料、常用药品（消毒药、抗菌药物、抗球虫药）、疫苗（新城疫疫苗、禽流感疫苗）、添加剂（速溶多维、电解多维、口服补液盐、维生素C、葡萄糖）等。其他用品包括各种记录表格、温度计、连续注射器、滴管、刺种针、台秤、喷雾器等。雏鹌进舍前要将所有料盘加上饲料（图49），饮水器加足凉开水。

图49　鹌鹑育雏饲料

（3）垫布准备　最理想的育雏器内的垫布是粗布，禁用报纸或塑料布。由于刚孵出的雏鹌腿脚软弱无力，在光滑的布料上行走时，易造成"八"字腿，时间一长，就不会站立而残废。垫布5～7天后即可撤除。地面平养垫布要平稳整洁，避免鹌鹑站立不稳造成受伤。火炕育雏可以直接养在泥土火炕上。

（4）育雏舍的预热　育雏舍进雏前2天开始加温，提高舍内温度，检查加温和房舍保温效果。检查锅炉出水温度，热风炉热风温度不能太高，以免造成鹌鹑脱水死亡。火墙、地下烟道、火炕加热要检查是否漏烟，升温用的炉子必须安装烟筒，以免造成煤气中毒。不定时测定各点温度，雏鹌活动区域保持35℃左右，其他地方25℃左右即可。

5.育雏条件的控制

雏鹌个体小，体温低，适应性差，必须严格控制育雏条件，包括育雏温度、湿度、光照、通风、饲养密度等。

（1）温度　雏鹌体温调节机能不完善，对外界环境适应能力差，同时，雏鹌个体很小，相对体表面积较大，散热量较成鹌多。所以雏鹌对温度非常敏感，保温条件更为严格。一般需要较高的温度，并且随日龄增加逐渐降低。育雏期正常育雏温度，见表31。温度掌握不仅仅依靠温度计，更主要的是观察雏鹌的状态，看鹑施温。同时，还应注意天气变化，冬季稍高些，夏季稍低些；阴雨天稍高些，晴天稍低些；晚上稍高些，白天稍低些。

在生产中，饲养管理人员应认真观察雏鹑的活动状态，掌握合理温度。如果雏鹑均匀分布，站立四处张望、鸣叫，四处奔跑探究，采食、饮水正常，休息时伸颈伏卧，说明温度正常，生长发育好；如果雏鹑往一起挤，羽毛湿，轻声鸣叫，有的瘫痪、拉稀粪，说明温度偏低；如果鹌鹑张嘴呼吸，远离热源，频频饮水，说明温度偏高。

（2）湿度　正常的湿度有利于雏鹑卵黄囊的吸收利用、减少呼吸道疾病和霉菌病的发生。育雏第一周要有加湿的措施，如在育雏舍地面洒水、喷雾加湿、火炉上放置水盆等。以后要防止湿度过高，需要即时清理粪便，在承粪板和垫料上撒生石灰。加强通风，避免饮水器漏水，从而达到合理的湿度。育雏期正常的温度、湿度，见表32。

表32　鹌鹑育雏温、湿度要求

日龄	温度(℃)	相对湿度(%)
1～3	39～38	70
4～7	37～33	70
8～10	32～30	65
11～15	29～27	65
16～21	26～24	60

（3）光照　合理的光照时间和光照强度是雏鹑健康生长所必需的环境条件之一。1～3日龄雏鹑要求24小时连续光照，能以尽快熟悉生活环境，尽早学会采食和饮水。4～15日龄为23小时光照，1小时黑暗，利于自由采食，迅速生长。16～21日龄减少到每天12～14小时光照。室内光照一般用白炽灯，灯泡数量及功率大小可以按10～30瓦/米^{2}计算。刚开始育雏采用100瓦灯泡，5天以后，可以换到60瓦。特别要注意中国白羽鹌鹑对光照的特殊要求。中国白羽鹌鹑为红眼睛，视力差，所以光照得强一点，尤其是前5天，必须24小时光照，不能停电，常停电的地方在进雏鹑之前

要备一台小型发电机。

(4)通风 通风有利于舍内有害气体的排出，提供氧气。只要育雏室温度能保证，空气越流通越好。育雏舍一般采用机械通风，通过风机（图50）抽出舍内污浊气体。通风量为每千克体重每小时6米^3。冬季鹌鹑舍通风最好通过天窗的开闭来进行，通风时间应设在温暖的中午。

图50 山墙安装风机

(5)饲养密度 合理的饲养密度是保证鹌鹑正常采食、均匀生长所必需的条件。若密度过大，部分鹌鹑找不到采食饮水的位置，生长发育受影响，而且生长均匀度差。若密度过小，不利于鹌鹑的保温，且占地面积大，效益下降。合理的饲养密度见表33。

表33 鹌鹑的饲养密度（只/米^2）

周　龄	1	2	3	4
夏季饲养量	150	100	80	60
冬季饲养量	200	120	120	80

6. 雏鹑的挑选

选择健康的雏鹑是育雏成功的基础。初生雏中常出现有少量弱雏、畸形雏和残雏，应严格挑出淘汰。对于种鹑来说，要求标准更高，只能选择健壮的留种。健康的雏鹑标准：活泼好动，外观无畸形和伤残，反应灵敏，叫声响亮，绒毛丰满有光泽。手握绒毛松软、丰满，雏鹑挣扎有力，触摸腹部大小适中、柔软有弹性。卵黄吸收良好，腹部柔软，脐部愈合良好，脐孔上有绒毛覆盖。出壳体重大，蛋用型雏鹑 6 克以上，肉用型雏鹑 8 克以上，同一品种大小均匀一致。

7. 雏鹑的运输

运雏箱常用一次性瓦楞纸箱，也可用塑料网箱，消毒后可多次使用。运雏箱四周要留有通气孔，防止长途运输时雏鹑闷死。运雏时在箱底应铺上皱纹纸，防止雏鹑腿部打滑受伤。雏鹑的运输工具和方式要根据季节和路程远近而定。汽车运输时间安排比较自由，可直接送达目的地，中途不必倒车，是最方便的运输方式。火车、飞机也是常用的运输方式，适合于长距离运输和夏冬季运输，安全快速。押运人员应携带雏鹑检疫证、合格证和有关的行车手续，避免中途不必要的长时间停留，快速、安全到达目的地。运输过程中应注意防寒、防热、防闷、防压、防雨淋和防震荡。

8. 雏鹑的饲养

（1）雏鹑的饮水　出壳雏鹑应在24小时内喝到温水，以补充体内所耗水分。雏鹑转运到育雏舍以后，让其休息2小时左右。之后进行饮水和喂料，应先饮水，再喂料，及时饮水有利于胎粪的排出。饮水时要防止雏鹑将羽毛弄湿，因为雏鹑体形小，腿部力量小，羽毛淋湿后易失去平衡摔倒而被其他雏鹑踩死或淹死在饮水器里。因此，要尽量使用小型饮水器（图51），饮水器水深2～3毫米，最深处7毫米，不会将雏鹑淹死，也不会将其羽毛淋湿，可使其安全饮水。

图51　雏鹑自制小型饮水器

雏鹑 1～3 日龄需饮用凉开水。100 千克凉开水中加入 50 克速溶多维、30 克维生素 C 和 5 千克葡萄糖或白糖，可以刺激饮水，有利于保持雏鹑的健康和活力。初次饮水，管理人员要注意观察，让每只鹌鹑都喝到水。对没有喝上水的鹌鹑，可以抓起来将喙放在饮水器内蘸一下，让其将水咽下即可学会饮水。15 日龄后，更换 1 千克容量的真空饮水器，让其自由饮水。

（2）开食和饲喂　饮水后 2 小时开食。将饲料撒在笼底铺好的白布上，用手指点布，诱导雏鹑学会采食。平面饲养可以用开食盘开食，火炕育雏直接将饲料撒在炕面。喂料 2 小时后要检查雏鹑嗉囊内是否有料，对于嗉囊内无料的要单独照顾直至其学会采食。10 日龄后逐渐过渡到以料槽喂料，15 日龄以后全部采用料槽。为了防止鹌鹑将饲料钩出槽外，在槽内饲料上铺一块铁丝网，网眼大小 1 厘米左右。

开食料用雏鹑全价配合饲料，不能用单一饲料，以防止造成营养缺乏。鹌鹑开食后的饲喂要定时、定量，每天喂料 4～6 次，每次加料量不宜超过料槽高度的 2/3，最好是 1/3，每次喂料前料槽应空半小时，可以刺激食欲，防止饲料浪费。蛋用鹌鹑每天每只平均采食量：3 日龄 3～4 克，5 日龄 5～7 克，7 日龄 9～11 克，11 日龄 13～15 克，15 日龄 16～18 克。

9. 雏鹑的管理

（1）育雏期管理要求　经常检查育雏室内的温度、湿度及通风情况。经常检查雏鹑的采食和饮水情况，发现异常及时采取相应措施。定期抽样称重，及时调整饲养管理措施。定期统计饲料消耗及周龄成活率情况。做好防鼠、防害及防煤气中毒工作等。

（2）7 日龄前的管理　7 日龄前雏鹑个体小，羽毛稀薄，饲喂次数多，是最难管理的阶段。这段时间，育雏室要十分安静，保持稳定的工作程序，饲养人员不能更换，动作要轻，要特别精心。鹌鹑的疾病较少，育雏期间事故死亡比因病死亡多，如受惊相互踩压致死、被饲槽或饮水器压死、掉入饮水器中淹死、垫草下压死、突然受惊吓致死。如果能避免这些事故，就可以大大提高雏鹑的育雏成活率。0～4 日龄雏鹑常表现出逃窜的野性，此时加料、喂水要当心，防止饲料被扒食溅失，防止饮水沾湿绒毛。勤于检查、调整室内温度、湿度、通风、光照。勤于观察雏鹑的动态和排粪情况，检查并调整好饲养密度，防止啄癖发生。做好防鼠、防害和防煤气中毒工作。定期称测雏鹑体重与检查羽毛生长情况。做好各项记录和统计报表。

（3）7日龄后的管理　7日龄后雏鹑发育加快，骨骼生长迅速。5日龄开始第一次换羽，先长翼羽、尾羽，后长腹羽、头羽，15日龄全部换成初羽。雏鹑饲槽、料桶要数量充足，放置均匀，保证雏鹑吃饱、吃好。要注意雏鹑每日采食、饮水、睡眠情况，发现异常及时采取措施。整个育雏期要昼夜有人值班，定期检查温度、湿度、通风与光照情况，并且做好记录（表34），按时做好疫苗接种工作。

表34　育雏日记

日期	日龄	鹑群变化			饲料消耗		室内温度			育雏区温度			湿度			备注	值班人员
		存栏	死亡	淘汰	总量	平均	早	中	晚	早	中	晚	早	中	晚		

（4）雏鹑的断喙　鹌鹑有啄羽、啄蛋、啄肛等恶癖。鹌鹑喙部构造特殊，上喙向下弯曲呈钩状，采食时比较挑食，常常用喙将饲料钩出料槽，造成浪费。雏鹑阶段断喙可有效避免上述现象的发生。

多次断喙试验表明，雏鹑在15～30日龄断喙均可。断喙前后2天，应在饲料中添加维生素K、维生素C、多种维生素添加剂等，以减少应激发生。

鹌鹑断喙要用断喙器，操作要点是：食指第二关节轻托其下喙，拇指轻压其头顶部，用断喙器切去上喙1/2、下喙1/3。切面应平整。断喙时不要切掉太多，以免导致残雏无法挽救；如果断喙太少，可进行再断。断喙后烙干伤口不出血为止。断喙后1～2天料槽中不断料，以防止伤口碰到槽底流血。如发现有止血不完全的应及时烙干止血。

（5）粪便的清理　笼养时，每天上午将脏的承粪板从每层笼底取出后，立即插入干净的承粪板。然后，将取出的脏承粪板集中清除粪便，冲洗干净，浸泡消毒后晾干备用。1周龄以内，每天更换干净的垫布，取出的垫布清洗消毒。火炕育雏时，每天对炕面清扫1次，然后喷雾消毒。

（6）日常管理要点　育雏的日常工作要细致、耐心，其日常管理包括以下几点：①要有专人24小时值班，每天早晚要观察鹌鹑的动态，如精神状态是否良好，采食、饮水是否正常等，发现问题，要找出原因，并立即采取措施。②承粪板每3天清扫1次，饮水器每天清洗1次。③每天日落后开灯，掌握照明时间。④经常检查育雏箱内的温度、湿度、通风是否正常。临睡前，一定要检查一次温度是否适宜。⑤观察雏鹑粪便情况，正常粪便较干燥，呈螺旋状。粪便颜色、稀稠与饲料有关。喂鱼粉多时呈黄褐色属正常。如发现粪便呈红色、白色须检查。⑥及时淘汰生长发育不良的弱雏。⑦发现病雏，及时隔离，死雏及时剖检。

10. 提高白羽鹌鹑育雏期成活率的措施

白羽鹌鹑是一个产蛋性能非常优秀的鹌鹑品种，而且配套系可以自别雌雄。但白羽鹌鹑由于遗传原因，视力较其他有色羽鹌鹑和黄羽鹌鹑差，不容易找到饲料和饮水位置，出现渴死、饿死现象较多，饲养管理方面要做好以下几点：

（1）加强种鹑饲养管理，提高种蛋质量　加强孵化过程中的管理，严格控制孵化条件，并在孵化过程后期适时晾蛋，以提高健雏率。另外，养鹑户进雏时应严加挑选，以减少弱雏的数量。

（2）做好房舍预温　进雏前三天，育雏室要提前预温，使育雏室温度达到39℃。如采用煤炉供温，应安装烟囱，以防煤气中毒。也可采用火道、火墙或暖风提温。

（3）平网育雏　白羽鹌鹑视力差，需要改多层立体育雏为单层平网育雏，网底距地面120厘米，密度为200只/米^2，分成4组，每组50只，以免密度太大造成挤压死亡。此外为防止整腿，刚开始可在育雏笼内铺上粗棉布或麻袋布，不能用光滑的纸或塑料布，以免雏鹑运动时因打滑而扭伤关节。

（4）饲喂与饮水　雏鹑一般出壳20小时开食，饮水在开食之前，所以进雏后要马上让其饮水。一般1～10日龄前饮凉开水，水温25℃左右。1～2日龄可自由饮0.01%高锰酸钾水，这主要是因为雏鹑喜红色，可增加雏鹑饮水量，防止脱水，还可起到杀灭饮水及部分肠道中的细菌的作用，提高机体抗病力，增力健雏率。同时要供给雏鹌易消化、营养全面的日粮。一般 1 日龄每天喂 4 次，2～5 日龄每天喂 8 次，6～20 日龄每天喂 6 次。另外注意饲料不能太粗，1～10 日龄以米粒大小为宜。撒料要厚薄适中，以 0.5 厘米为宜，太薄会发生采食困难，易吃不饱饿死，太厚又容易眯眼，造成瞎眼。7 日龄后换用雏鹌料桶饲喂。

（5）掌握好育雏期间的温度、湿度与通风　育雏期的温度要求高而稳定，严禁忽高忽低。最适宜的温度为：1～3 日龄 38～39℃，4～6 日龄 36～37℃，7～10 日龄 35℃，10～20 日龄 32～33℃，20 日龄以后以 30℃为宜。温度计的高度以底部与鹌背部相平为准，在育雏过程中，不能单看温度计所示温度的高低，还要看雏鹌的精神状态：雏鹌打堆、挤到一块，说明温度低；雏鹌趴成一片昏睡说明温度高；有吃食的，有休息的，分布均匀说明温度合适。

为防止雏鹌脱水，1～5 日龄育雏室内相对湿度应保持在 60% 左右，以后逐渐降低，保持在 50%～55% 即可。室内湿度过高易引起病原微生物滋生，饲料霉变造成肠道病发生，湿度过低易引起雏鹌脱水和呼吸道病症，可通过地面洒水的方式来调节。通风是保证雏鹌体质的重要条件之一，掌握在工作人员感到身体舒适便可以了。

（6）合理的光照强度　一般 1～10 日龄采用 24 小时光照。光照强度大一些便于雏鹌采食和饮水，以 100 瓦白炽灯为宜，特别在 5 日龄前绝对不允许长时间停电。20 日龄后可换用 40 瓦白炽灯，光照时间掌握在 20 小时。

（7）保持清洁的育雏环境　雏鹌所用一切用具，经常清洁消毒，雏鹌按免疫程序预防接种。每天清理粪便，清洗饮水器。

（8）转群　20 日龄后雏鹌便可从育雏笼转入成鹌笼。在上成鹌笼前三天，可将大笼用的料槽、水槽挂入育雏笼内提前适应，成鹌笼的温度要和育雏室的温度相同。成鹌笼的料槽、水槽要相应低一些，以便雏鹌采食和饮水。上笼结束后可在饮水中加一些抗应激的药物如电解多维等来提高雏鹌的体质。

二、育成期鹌鹑的饲养管理

育成期鹌鹑又称子鹑，是指 21～35 日龄（蛋用鹑）或 40 日龄（肉用鹑）的青年鹌鹑。育成期鹌鹑饲养在专用子鹑笼中，也可以提前转入种鹑笼中饲养。此阶段鹌鹑体重增加快，尤以骨骼、肌肉、消化系统与生殖系统发育最快。育成期鹌鹑饲养管理的主要任务是控制体重和性成熟期，同时要进行严格的选择及免疫工作。种用子鹑均实行限制饲喂。公鹑性成熟早于母鹑10～14天，但体重低于母鹑，至40日龄左右便有求偶与交配行为，其标志还表现在泄殖腔腺已发达并分泌泡沫状物。种用子鹑多在5～6周龄进行选种，编号登记后转入种鹑舍。

1. 饲养方式

采用单层或多层笼养（图52）。每平方米笼底面积饲养蛋鹑80只左右，饲养肉鹑60只左右，夏季酌减，冬季可以适当增加。

图52　专用子鹑笼

2. 鹑舍的准备

将笼具放入新鹑舍，用甲醛、高锰酸钾熏蒸消毒24～48小时，用药量每立方米甲醛42毫升、高锰酸钾21克。旧鹑舍先用清水冲洗干净，墙壁地面用2%火碱喷洒消毒，笼具最好用火焰消毒，可以彻底杀死寄生虫卵及病原微生物。装好笼具后最后再用甲醛、高锰酸钾密闭熏蒸24小时。

3. 转群

鹌鹑由雏鹑舍转到青年舍或产蛋鹑舍称为转群。一般蛋用鹌鹑21日龄即可直接转入成鹑笼饲养。转群时应做好下列工作：转入鹑舍室温和育雏室相同，避免造成低温应激鹌鹑扎堆压死；转群前后1周应在饲料或饮水中加入速补多维、电解多维等抗应激药品，同时也可适当应用抗菌药物（如预防肠道疾病的），预防因转群应激引起鹑群发病；转入鹑舍应整夜亮灯，以防止因应激造成挤堆；转群前3小时断料，2小时断水，转入鹑舍应备好水、料，转群后料槽中5天内应尽量加满，料槽、饮水器挂得越低越好，便于采食，否则会大批饿死；转群后及时清理和消毒原鹑舍，空置 1～2 周，隔断病原传播，以备下次使用。

4. 公母分群

公母分群可以提高群体均匀度，避免早配和争斗。种鹑可以通过羽色进行雌雄鉴别。鹌鹑长到 21 天后，可以根据胸部羽毛颜色、斑纹来鉴定公母。公鹑胸部开始长出红褐色（砖红色）胸羽，其上偶有黑色斑点；母鹑淡灰褐色的胸羽上密缀着大小不等的黑色斑点。

30 日龄的鹌鹑基本更换为成年羽，这时公母差异更为明显。公鹑脸部、下颌、喉部开始呈现赤褐色，胸部为淡红褐色，其上分布有少量小黑斑点，腹部呈淡黄色；母鹑脸部为黄白色，下颌与喉部为灰白色，胸部密缀黑色斑点，其分布范围似心形，整齐美观，腹部呈淡白色。

成年公鹑肛门上方、尾巴下方有突出的囊腺（泄殖腔腺），排出的粪便上有白色的囊腺分泌物，呈泡沫状；母鹑无此结构。成年公鹑体形小，昂首挺胸，叫声短促、洪亮高亢，母鹑叫声细而轻。

5. 脱温

随着鹌鹑体温调节能力的完善，在气温允许的条件下要逐步脱温。天气突然变冷时继续加温。室内应注意保持空气新鲜，但要避免穿堂风，地面要保持干燥。适宜的相对湿度为 55%～60%。初期温度保持在 23～27℃，中期和后期温度可保持在 20～22℃。

6. 饲喂与饮水

育成期采用自由采食方式，每天加料 2～4 次，根据鹌鹑体重发育情况适当进行限饲，更换专用饲料，适当降低饲料中的蛋白质水平，控制喂料量，避免采食过量引起过肥和过早产蛋。采用杯式自流饮水器饮水，保证饮水的清洁卫生。更换饲料时，要有 5～7 天的过渡期，以免发生应激反应。

7. 限制饲喂

控制鹌鹑喂料量和体重。一般从 28 日龄开始控料，降低营养浓度。这不仅可以降低成本，防止鹌鹑性成熟过早，还可以提高产蛋期产蛋数量、质量及种蛋合格率。限制饲喂方法：控制日粮中蛋白质含量为 20%；控制喂料量，仅喂自由采食量的 80%。通过限制饲喂，蛋用型品种 40 日龄母鹑体重 130 克左右，公鹑 120 克左右；肉用型品种 40 日龄母鹑体重 300 克左右，公鹑 240 克左右。不同品种开产体重略有差异。

8. 控制光照

育成期鹌鹑的饲养期间需适当减光，不需像育雏期那么长的光照时间，只需保持每天 10～12 小时的自然光照即可，最多不能超过 14 小时。鹌鹑 25 日龄后，鹑舍更换小瓦数灯泡，降低为 40 瓦即可。在自然光照时间较长的季节，需要用窗帘把窗户遮上，继续使光照保持在规定时间内。通过光照与饲料的控制，使鹌鹑群体的开产期控制在 45 日龄以后，防止开产过早而影响全期产蛋量。在布置灯泡时，注意下层笼也要达到一定的光照强度，一高一低交替布置灯泡可以保证下层笼鹌鹑正常采食与饮水对光照的需要（图 53）。

图 53　照明灯泡的布置

三、产蛋期鹌鹑的饲养管理

1. 鹌鹑利用年限

笼养种鹑可利用 1～2 年，但一般多采取"年年清"，这样做的好处是有利于疫病的控制与鹑舍的彻底消毒。育种场种鹑可利用 2～3 年，有利于育种的连续性，便于后裔选择的开展。一般生产性种鹑利用期较短，采种时间仅 8～10 个月，以确保种蛋、种苗质量，减少垂直传播性疾病的发生与流行。商品蛋鹑产蛋利用期 10～12 个月，以达到高的产蛋率与饲养者利益的最大化。生产中主要由产蛋量、种蛋合格率、受精率、经济效益、育种价值来决定利用年限的长短。

2. 产蛋鹑舍准备

（1）鹑舍冲洗　上一批产蛋鹌鹑淘汰后，要求对鹑舍进行彻底的冲洗，以利于后期消毒工作的开展。冲洗要求由上到下、从里往外、由工作间一端到脏道后门一端的顺序进行。在冲洗前应彻底清扫鹑舍，把舍内粪便、羽毛、灰尘等一切杂物及舍外废弃物全面清扫干净，并装袋运出场外。对羽毛较多的地方（边网、窗网、鹌舍周边草地等）用火焰喷灯喷烧，然后再清扫。为保证清扫质量和进度，由熟练工人先示范冲洗，等员工操作熟练后再监督检查。第一次冲洗结束后，将破的水泥地面、裂开的墙缝、排风扇四周裂缝和进风口四周裂缝等用水泥修补，等水泥凝固后再进行第二次冲洗。

氢氧化钠喷洒消毒后要对鹌舍进行第二次冲洗。冲洗结束后，立即封堵下水道出水口、门窗，防止老鼠进入。鹌舍门口摆放消毒盆，出入人员脚踏消毒盆，进入舍内物品必须严格消毒。监督检查人员对冲洗效果进行检查评判，不合格的要重新冲洗。

（2）鹌舍及设备消毒　第一次冲洗后的鹌舍干燥后，用3%氢氧化钠喷洒鹌舍地面、墙壁（1米以下高度的墙面）、鹌舍外水泥地面和排水沟，作用达12小时以上。氢氧化钠具有很强的腐蚀性，操作时不能用手直接接触，不能溅到脸上、身上、眼中。第二次冲洗鹌舍干燥后，用碘制剂或过氧乙酸喷洒地面、墙壁和所有设备，封闭鹌舍2天。最后用高锰酸钾和甲醛熏蒸消毒，每立方米舍内空间用42毫升甲醛、21克高锰酸钾，加入和甲醛等量的水充分反应。反应器皿要比加入的药量大出8～10倍，以免沸腾溢出。反应器皿放置要远离垫料等易燃可燃物，小心防火。消毒环境的温度控制在20～25℃，相对湿度控制在65%以上。

（3）附属设施的清洗　凡在场区内的所有附属设施，如洗衣房、厕所、种蛋库、饲料库、垫料库、锅炉房、自行车棚、进场物品熏料间、熏蒸箱等，都要彻底冲洗干净，同时，还应将各个地方的地漏、沉淀池等清理干净并消毒。

3. 鹌鹑产蛋期（繁殖期）的生理特点

（1）产蛋率、体重增加并进　开产以后的鹌鹑标志着已经性成熟，但体重还在继续增长，直到开产后7～14天增重减慢。因此，鹌鹑开产到产蛋高峰期间饲料供给要充足，管理要精细，保证产蛋率的稳定上升。

（2）对环境变化反应敏感　性成熟标志着鹌鹑进入了一个新的生长阶段。初产鹌鹑精神兴奋，消化系统、生殖系统和神经系统之间协调性差，对环境变化反应敏感，容易引起难产、脱肛和啄癖等不良症状。因此，保持舍内安静、环境条件稳定是产蛋期管理的重点之一。

（3）新陈代谢旺盛　鹌鹑开产后，耗料量大，对饲料质量要求高，需要喂给高能量、高蛋白的日粮。特别是对饲料中钙的需求量增加，以满足蛋壳形成的需要。如果饲料中钙含量不足，或者维生素 D_3 缺乏，产蛋量会下降，软壳蛋和破壳蛋会增多。

（4）对光照反应敏感　产蛋期的鹌鹑对光照时间变化反应非常敏感，缩短光照时间会引起产蛋量的下降，一定要按时开灯补光，达到每天 16 小时恒定光照。35 日龄后更换为 25 瓦灯泡即可。研究发现，全日 24 小时光照不会缩短鹌鹑的利用期，但饲料转化率会降低，采食量增加。

4. 蛋鹑（种鹑）生产性能指标

（1）开产日龄　蛋用鹌鹑开产日龄的计算方法有两种：个体开产日龄以产第一枚蛋的平均日龄作为开产日龄，群体则按日产蛋率达 50% 的日龄作为开产日龄，生产中常用后者来估算开产日龄。蛋鹑群体开产日龄一般控制在 40～45 日龄。不同品系的鹌鹑开产日龄有一定差异，同一品系因营养、光照等条件也有所不同，朝鲜鹌鹑开产较早，黄羽鹌鹑稍晚。

（2）开产蛋重和平均蛋重　鹌鹑品系平均蛋重的测定与计算目前主要参照《国家家禽生产性能的测定方法》和全国家禽育种委员会制定的《家禽生产性能技术指标及计算方法》。关于平均蛋重的测定有 2 种方法：一是测定个体平均蛋重，从 10 周龄开始连续称取 3 枚蛋的重量求平均值；二是测定群体平均蛋重，从 10 周龄开始连续称取 3 天总产蛋重除以总产蛋数。鹌鹑开产 2～3 周后蛋重变化尚不稳定，测定的蛋重作为一个品种或品系的平均蛋重尚不具有代表性。研究发现，鹌鹑开产第 10 周时的蛋重对一个品种或品系的蛋重代表性较好。

（3）蛋形指数　蛋形指数是种蛋选择时需要考虑的一个重要指标，但实际挑选种蛋时并不进行蛋形指数的测定，主要靠经验来判断，过长、过圆、过大和过小的蛋一般作为畸形蛋淘汰。蛋形指数的计算方法有 2 种，一是蛋宽与蛋长之比，二是蛋长与蛋宽之比，这两种方法在家禽生产和研究中都有使用。

（4）产蛋量　鹌鹑产蛋量一般以群体来计算，是指一定时期内，在规定产蛋期内的产蛋数，如 300 日龄产蛋量、500 日龄产蛋量。高产品种 300 日龄产蛋量为 220～230 枚，500 日龄产蛋量为 360～380 枚。

（5）产蛋率　一般以群体产蛋率来计算，是指 1 天或某一时期内每天的产蛋数占全群母鹌鹑总数的百分比。鹌鹑最高产蛋率可以达到 95% 以上，产蛋期平均产蛋率在 80% 以上。

（6）料蛋比　指统计期内产蛋耗料总重量与统计期内产蛋总重量的比值。蛋用鹌鹑产蛋期料蛋比一般为（2.6～2.7）：1，高水平能够达到2.5：1。

（7）产蛋期成活率　指产蛋期末存活鹑数与入产蛋舍鹑数的百分比。健康的鹌鹑群产蛋期成活率能够达到93％以上。

（8）淘汰体重　指蛋鹑（种母鹑）产蛋期结束淘汰上市时的平均体重。蛋用鹌鹑的淘汰体重要求在150克以上，过瘦的淘汰鹌鹑利用价值低，可以短期育肥后上市。

（9）种蛋受精率　指受精蛋数与入孵种蛋数的百分比。血圈蛋、血线蛋应按受精蛋计算，一般应达到90％以上。种蛋受精率与种鹑营养有关，特别是维生素 E、维生素 A 的补充。另外还与公母比例有关。

（10）受精蛋孵化率　指出雏总数与受精蛋数的百分比。鹌鹑受精蛋孵化率要求达到90％以上，高的水平可以达到95％以上。

（11）入孵蛋孵化率　指出雏总数与入孵种蛋数的百分比。鹌鹑入孵蛋孵化率一般水平在80％以上，高水平在85％以上。

（12）健雏率　指健雏数与出雏总数的百分比。健雏指适时出壳、绒羽正常、脐部愈合良好、精神活泼、无畸形的雏鹑。健康鹌鹑群体，种蛋孵化后的健雏率在95％以上。

（13）种蛋合格率　指种母鹑在一定的产蛋期内，所产符合本品种、品系要求，蛋重适宜，蛋壳品质优良的合格种蛋占产蛋总数的百分比。种蛋合格率一般应达到95％以上。

（14）种蛋均耗料　指产蛋期内总耗料量（克）与产蛋期内合格种蛋数的比值。种蛋均耗料一般在（2.9～3.0）：1。

（15）种母鹑提供雏鹑数　指规定产蛋期内，每只种母鹑提供的雏鹑数。蛋用种鹑8～10个月种用期可以提供母雏80～100只，肉用种鹑6～8个月可以提供子鹑苗110～130只。

5. 产蛋期饲养方式

产蛋鹑和种鹑采用密集型立体笼养。鹌鹑个体小，笼养可以充分利用房舍空间，提高单位面积的饲养数量。鹌鹑笼有重叠式和阶梯式两种，重叠式对房舍的利用效率更高。重叠式产蛋笼的层次一般为6层，方便手工喂料、加水、捡蛋、清粪。阶梯式产蛋笼为4～5层。产蛋笼每层净高15～21厘米，炎热地区应适当增加高度。为了便于交配，种鹑笼要适当增加高度。笼子的进深一般在 30 ～ 35 厘米，便于采食、饮水。笼长 90 ～ 100 厘米，便于摆放。饲养密度，商品蛋鹑 80 ～ 100 只／米^2，蛋种鹑 60 只／米^2，肉种鹑 48 只／米^2。

6. 产蛋前期的挑选

主要包括：淘汰不合格的、有病和弱小的个体；商品蛋鹑应该及时挑出，产蛋前期的挑选鉴别错误的公鹑淘汰；种鹑群应该及时淘汰不合格的公鹑，调整好公母比例。

（1）15 日龄　主要分辨公母，公鹑胸部的羽毛颜色较浅，黑色斑点较大而稀；母鹑胸部颜色较深，黑色斑点小而密。

（2）30 日龄　既是区分公母的时机，也是选择种鹑的一次良机。公母鹑的区别与 15 日龄的区分方法一样，公母胸部的区别更为明显；种公鹑要选择叫声高昂清脆，肛门上部腺囊突起的个体。

（3）49 日龄　已经全部开产，这时应该选择腺囊突起明显的公鹑留种，淘汰腺囊不明显的个体，以保证良好的产蛋率。母鹌鹑应该选择肛门松弛扁平湿润、耻骨间隙放下 2 个手指以上的个体，胸骨与耻骨之间的间隙在 3 指以上为高产鹌鹑，其余要淘汰。

（4）70 日龄　要尽早淘汰还没有开产的鹌鹑，这些一般都是低产鹌鹑。未开产鹌鹑表现：羽毛丰满有光泽，体重大，腹部容积小，胸骨末端到耻骨间隙小，肛门圆、紧闭、干燥，耻骨间隙小。

（5）转群　育成母鹑至 35 日龄，有 2% 左右已开产时应予转群，以熟悉新环境。最好在夜间进行转群，及时供应饮水和种鹑饲料，保持安静。在转群的同时，按种鹑要求再进行一次严格选择。

7. 饲料的更换

一般鹌鹑开产前 1 周更换为成鹑产蛋期饲料，为产蛋提前储备能量和钙质。但是更换饲料还要根据鹑群的平均体重和均匀度而定，不能只看日龄。如果鹑群已达到开产日龄，均匀度好，但平均体重偏小，应推迟更换饲料；如果鹑群已达到开产日龄和开产体重，但均匀度差，应该分群饲养，将体重符合开产体重的个体放在一起正常换料，将体重低于开产体重的个体放在一起推迟换料时间。这样可以保证鹌鹑蛋量的高产。具体做法是：35 日龄后将饲料更换为产蛋期饲料。当产蛋率上升到 50% 时，饲料更换为产蛋高峰期饲料。产蛋后期仍然要用高峰期饲料，一直到淘汰。要保证饲料与饮水的正常供应，并据产蛋率、气温调整饲粮。防止子宫外翻，注意控制体重与膘度。

生产中，要保持饲料的相对稳定，饲料原料多样化，营养互补；更换饲料要有过渡期，突然更换饲料，易引起鹌鹑的应激反应，有时甚至会造成死亡。选择全价饲料时，不能只看重饲料价格而忽视质量，忽视了鹌鹑的采食量和料蛋比。降低饲料成本的途径应当是减少饲料浪费，鹌鹑蛋的单位饲料成本才是衡量饲料价值的有效标准。

8. 初产期体重达标

鹌鹑生产中，要求雏鹌鹑5周龄必须达到相应的体重标准，并且发育均匀整齐。初产期既要产蛋，又要增重，因此，在饲料营养的供给上必须满足母鹌鹑的基础代谢、体重增长和产蛋几个方面的需求，要求90%产蛋率时母鹌鹑达到155克以上的体重。

9. 日常管理

（1）光照管理　产蛋期的光照强度为$3 \sim 6$瓦/米^2，用普通灯泡、日光灯、节能灯均可。从35日龄起，光照时间在原来自然光照的基础上，每周增加1小时，直至增加到16小时，稳定不变。产蛋期光照时间应相对稳定，光照时间的减少或突然断电都会引起产蛋率下降。每天早上5点开灯，自然光（阳光）达到光照要求时关灯。下午舍内光线变弱时开灯，到晚上9点关灯。

人工补充光照时，每10米^{2}地面用1盏25瓦的白炽灯，离地高度为1.7米。补充光照的时间不要全部集中在晚上，因鹌鹑一般在光照开始后$8 \sim 10$小时产蛋，若集中在晚上补充光照，产蛋时间推到晚上，破坏了鹌鹑集中产蛋在下午的产蛋规律，会造成生殖系统的紊乱。注意鹑舍中灯光要分散，笼架上下层光照均匀。种鹑产蛋期光照要求见表35。

表35　种鹑产蛋期光照要求

日龄	光照时间（小时）
$36 \sim 40$	13
$41 \sim 45$	14
$46 \sim 50$	15

日龄	光照时间（小时）
51 ~ 60	15.5
61 ~淘汰	16 ~ 17

（2）环境条件控制 鹌鹑与鸡相比，体形小，但体表相对散热面积大（10只成鹌的体重相当于1只鸡，但它们的皮肤总面积比鸡大1倍），从而决定了鹌鹑耐高温、怕寒冷的习性。产蛋鹌鹑舍最佳温度是22～25℃，适宜温度为17～30℃，可以维持高产。当舍温低于20℃时，产蛋率会下降10%，低于10℃时会下降60%，甚至停产，并且抗病力明显降低，死亡率增加。当气温超过30℃时，要加大通风量，喷洒凉水，增加气流速度以增加鹌鹑对饲料的摄入量，增加蛋重，降低死亡率。

产蛋鹌鹑对湿度的适应性较强，50%～70%的相对湿度，都有助于提高产蛋率。

通风应在保证舍温的前提下进行。但也不能只为了保温而不通风。许多养殖户冬季为保舍温，全部封闭窗口，造成鹑舍中二氧化碳和氨的严重超标，不仅产蛋率降低，也极易造成传染病流行。在舍温低的情况下，可生炉火来提高舍温，然后再进行通风。通风最好选择晴朗无风的中午进行。生产中遇到雾霾天产蛋率会下降15%～20%。

鹌鹑对噪声的承受能力比鸡大得多，一般机动车的噪声不会引起鹌鹑惊群，但特别大的、清脆的声音（如爆竹声）易使鹌鹑惊群甚至撞笼而死，从而造成产蛋率下降。

（3）清洗水管、水线 首先排干水箱和水管内所有的存水，接自来水管冲刷水线3～5分。清除水箱内的污物和水垢，如果当地水中矿物质（特别是钙或铁）含量很高，在清洗中需要加一些酸（0.5%醋酸或0.02%柠檬酸），以便去除水垢。用铁丝绑清洁球在管道内刷一遍而后冲洗干净。在水箱内重新加入清水和水清洁剂，水箱内的水要保证适当的高度，这样可以保证水管内的水有适当的压力，要让清洁剂在水箱内最少保留4小时，用清水冲刷并把水排掉。金属水管也可采用同样的清洗办法，但有时水管腐蚀易造成漏水。

（4）清洗水箱 排净水箱和水管内的水，用清水冲洗水箱内的水垢和污物并排到鹌舍外；水箱内重新注满清水，保持其正常的水位和水压，添加适当浓度的清洗液，并盖上水箱盖，使其至少停留 4 小时，将水再次排放掉，用清水冲洗；雏鹌进场前注满洁净的饮水。

（5）观察鹌群　清晨要观察鹌鹑的采食和饮水行为，如果鹌鹑争先恐后采食，说明鹌群健康。早晨还要观察粪便形态，健康鹌粪便成形，颜色正常，公鹌粪便上有白色泡沫。如果粪便稀、黄绿色说明鹌群有病，应请兽医进一步诊断。饲养员要在夜间关灯后 20 ～ 30 分进入鹌舍，仔细听鹌鹑呼吸是否正常。发现异常声音，说明有病鹌。挑出病鹌诊断观察，确定是传染病还是普通病，及时采取相应措施。如果是传染病，立即确诊和治疗；如果是普通病，应淘汰病鹌。

（6）加料、加水　每天早上进入鹌舍首先开灯，打开风机，然后在 30 分内加料。加料完毕洗涤水杯。中午上班后要检查鹌群的吃料和饮水状况，检查采食量和饮水量与往常相比有无异常。吃完料的地方及时补料。从料多的地方向料少的地方均料。如果饲料全部采食干净，停料 20 ～ 30 分加下一次料，加

注意，有一些养殖户饲料添加次数过勤，造成营养摄入不均衡。原因是，饲料粉末中含有较多的氨基酸、维生素和微量元素等营养物质，而鹌鹑有喜食大颗粒饲料的习性，如果添料过勤，则鹌鹑采食不均而营养失衡，影响鹌鹑的生长发育和生产。

料的同时检查饮水器。产蛋期让鹌鹑自由采食，每天加料 2～3 次，每次加料不能过多，不能超过料槽的 1/3。更换产蛋期饲料要有 3～5 天的过渡期，不能突然一次换料。使用杯式自流饮水器供水时，要经常检查供水情况，确保供水不能中断，并要经常清洗水杯。

(7) 粪便清理　蛋鹑舍和种鹑舍的清粪方式有两种：对于重叠式鹌鹑笼应该每周抽出粪盘，清粪两次，这样粪便不至于沉积过多而清理困难，也有利于鹑舍内空气新鲜。对于阶梯式鹌鹑笼养方式，这样的鹑舍可以一个月清理一次，也可以每天用刮粪板机械清粪的方法清理一次。清粪是保持鹑舍内空气清新的一种有效的控制办法，如果能很好地配合通风，那么可以给鹌鹑创造一个适宜的生活环境。清理粪便的同时还可以观察鹑粪的状态、颜色，以便了解鹌鹑群体是否健康，有无疾病的发生，便于及时采取预防和保健措施。

(8) 鹌鹑蛋的收集　产蛋鹑每天产蛋的时间主要集中于午后至晚上 8 点前，而以下午 3 点、4 点为最多。种鹑每天收蛋 3 次，下午 4 点、6 点，晚上 9 点各 1 次，将软蛋、畸形蛋、蛋壳变白的蛋分类放置和记录，以便检查鹑群是否正常。商品鹌鹑每天早上集中收蛋 1 次，以减少应激反应，保证正常产蛋。也可以 2～3 天收蛋 1 次。

(9) 生产记录的填写　生产记录表是管理鹑群、鹑场的基本数据，应实事求是地填写。填写当天工作内容，记录当日存栏数、死亡数、产蛋量、喂料量、温度等，统计存活率、死亡率、产蛋率等，见表 36。

表 36　鹌鹑产蛋期日报表

日期	日龄	鹑群变化			产蛋情况				饲料消耗			温度	湿度	备注	值班人员
		存栏	死亡	淘汰	产蛋数	产蛋率	产蛋重	合格蛋数	总耗料	每只平均	料蛋比				

(10) 保持环境的安静　产蛋鹑舍应尽量减少外界干扰，尤其是下午产蛋

时，饲养员要减少在笼边的活动时间，避免发生应激而影响到产蛋率。下午的产蛋期间，除了进去喂料，清扫、拣蛋时间都要往后推迟，一直要等到下午的5点30分以后。

（11）防止蛋鹌鹑脱肛　产蛋鹌鹑在产蛋初期2周内，如产蛋过大、过多，或体躯过肥、过瘦，或因某种外界刺激，均会诱发脱肛症，因而会被其他鹌鹑啄食而死。为此，在蛋鹌鹑产蛋初期宜喂些低蛋白质的饲粮，防止或减少外界应激。发现脱肛鹌鹑应及时取出，以防诱发食肉癖。对无治疗价值的病鹌鹑，应予淘汰。

10. 蛋鹑和种鹑的选择与淘汰技术

蛋鹑和种鹑的选择是在15、30、49、70日龄进行。15日龄主要分辨公母，公鹑胸部的羽毛颜色较浅，黑色斑点较大而稀；母鹑胸部颜色较深，黑色斑点小而密。30日龄既是区分公母的时机也是选择种鹑的一次良机，公母鹑的区别与15日龄的区分方法一样，公母胸部的区别更为明显；种公鹑要选择叫声高昂清脆，肛门上部腺囊突起的个体留种。49日龄鹌鹑已经全部开产，这时应该选择腺囊突起明显的公鹑留种，淘汰腺囊不明显的个体，以保证良好的产蛋率。母鹌鹑应该选择肛门松弛扁平湿润、耻骨间隙放下2个手指以上的个体，胸骨与耻骨之间的间隙在3指以上为高产鹌鹑，否则要淘汰。当产蛋到70日龄时，要尽早淘汰还没有开产的鹌鹑，这些一般都是低产鹌鹑。未开产鹌鹑表现：羽毛丰满有光泽，体重大，腹部容积小，胸骨末端到耻骨间隙小，肛门圆、紧闭、干燥，耻骨间隙小。

到300～350日龄，鹌鹑经过8～10个月的产蛋后，群体产蛋率逐渐下降，这时要识别、淘汰已停产或低产的鹌鹑，降低饲养的成本，提高产蛋率。停产或低产鹌鹑表现：眼睛无神，反应不灵敏，羽毛残缺不全，肛门圆、紧闭、干燥，腹部容积小、无弹性，胸骨末端到耻骨间距小于两指宽（3.5厘米），耻骨间隙小于一指宽（1.8厘米），耻骨末端变硬。

11. 强制换羽

如利用第二个产蛋周期，需实行人工强制换羽。一般自然换羽时间长，换羽慢，产蛋少且不集中。强制换羽实施方法：停料4～7天，密闭鹑舍保持黑暗，迫使产蛋鹑迅速停产，接着脱落羽毛，然后逐步加料使之迅速恢复产蛋。从停饲到恢复开产仅需20天。其间饮水不可中断。

12. 影响鹌鹑产蛋率的因素

品种原因

品种是遗传因素，遗传基础不同的品种，产蛋量差异明显。例如蛋用型品种的产蛋量明显高于肉用型品种，家鹑产蛋量明显高于野鹑。目前我国饲养产蛋性能较高的蛋用品种有朝鲜鹌鹑、中国黄羽鹌鹑、中国白羽鹌鹑等品种，引种时一定要到正规场家。

年龄因素

蛋鹌鹑一般 35 ～ 40 日龄开始产蛋，45 日龄产蛋率可达 50%，65 ～ 70 日龄便可达产蛋高峰，且产蛋持久性很强，12 月龄前，产蛋率可一直保持在 80% 以上。12 月龄后，鹌鹑产蛋率虽然也可保持在 80% 左右，但死淘率和料蛋比不断增加，蛋壳硬度差，鹌鹑蛋破损率高，严重影响饲养期间的经济效益。所以一般蛋鹌鹑饲养期不超过 12 个月。

饲料原因

合理的饲料是鹌鹑高产稳产的物质基础。产蛋率高、蛋的营养价值高的鹌鹑，必然对饲料的营养水平要求也高。饲料中蛋白质含量过低，氨基酸不平衡，能量水平不够，维生素缺乏，饲料原料品质差（发霉变质，生虫）等均会造成产蛋量下降或无产蛋高峰。不仅要采用好的饲料配方，还要特别注意各种原料的质量，同一饲料配方不同质量原料的鹌鹑饲料可使鹌鹑产蛋率的差距在 10%～ 40%。值得注意的是饲料中蛋白质的含量并不是越高越好，当饲料中蛋白质含量达到 28% 时，饲喂 1 周后，蛋鹑便会发生痛风病，从而造成停产。另外，饲料搅拌不匀，也常会引起食盐或微量元素中毒，引起产蛋率下降。

另外过于限制鹌鹑的采食量或突然更换饲料都会对鹌鹑产蛋率产生很大影响，一般高峰期 1 只鹌鹑的日粮总量是 25 ～ 30 克（因季节不同略有不同）。要在不定量的饲喂过程当中掌握鹌鹑的准确采食量后，再定量饲喂。切勿随意定量饲喂。

饮水原因

饲料中多种营养物质的溶解与吸收都离不开水。鹌鹑的饮水量一般是采食量的 2～3 倍，每天 50～75 克。蛋鹌鹑停水 24 小时（夏季会引起中暑），产蛋率可下降 40%，正常供水 2 周后才能恢复正常。若停水 40 小时，鹌鹑便会停产，甚至渴死，正常供水 1 个月后产蛋率才能恢复。鹌鹑的饮水必须清洁、卫生、无污染，并且 24 小时保持充足的饮水。使用自动饮水器的鹌鹑舍必须经常检查饮水器是否堵塞。

育雏期均匀度

育雏期均匀度好的鹑群，进入产蛋期后产蛋率上升快，较短的时间就达到 80% 以上，产蛋高峰期峰值高，产蛋高峰期持续时间长，全年产蛋率高。如果均匀度差，鹌鹑进入产蛋期后，体重大的个体产蛋量高，体重适中的产蛋量低，体重小的尚未开产，因此群体产蛋率低。均匀度差的鹑群产蛋高峰不明显，没有突出的峰值，产蛋高峰期持续时间短。

开产体重

开产体重过小，开产日龄推迟，全年产蛋量低；开产体重过大，开产日龄早，但产蛋率低，全年产蛋率低，饲料报酬低。因此，控制适宜的开产体重是产蛋鹑和种鹑取得较高经济效益的基础。

疾病影响

多种疾病如新城疫、禽流感、鹑白痢、大肠杆菌病等都会对鹌鹑产蛋率产生不同程度的影响。其中以鹑白痢、大肠杆菌病对产蛋率的影响最大。鹌鹑感染白痢病后，病程可达几个月，在衰竭死亡之前，除可进行垂直传染外，还会发生水平传染，使整笼或某一层群体发病，可使产蛋率下降 20% 以上，且蛋壳品质严重下降。根除鹑白痢的最好方法是种鹑全群进行全血平板凝集实验，将带菌种鹌全部淘汰，从而杜绝垂直传染。

大肠杆菌病是目前养禽业中最令人头疼的一种疾病，鹌鹑养殖也不例外。大肠杆菌病虽不像新城疫、禽流感那样会使鹌鹑全军覆没，但其反复的发作会给鹌鹑养殖带来巨大的经济损失。该病发生后，严重者可使鹌鹑产蛋率下降20％～30％，白壳蛋、沙皮蛋、褐壳蛋明显增加，鹑蛋品质严重下降。在整个鹌鹑饲养过程中，大肠杆菌病带来的经济损失，可占综合损失的50％以上。对于该病，主要采取以防为主的原则，可根据鹌鹑蛋壳颜色与硬度的变化饲喂一些广谱抗菌药，同时注意饲料、饮水及环境的卫生。只有建立严格的防病灭病制度，才能使鹌鹑高产稳产获得保证。

换羽停产

换羽分为年龄性换羽、季节性换羽和异常换羽。年龄性换羽是鹌鹑出壳后随着日龄的增加，羽毛由出壳时的绒毛逐渐更换成成年羽，这种换羽不影响产蛋量。季节性换羽是鹌鹑在秋冬季因温度、光照和营养等因素引起的换羽，这种换羽影响产蛋量。现代养鹑生产中采用人工创造的小气候环境，可以预防这种现象的发生。异常换羽是因为饲养管理不善引起的不正常换羽，这种换羽影响产蛋量。引起异常换羽的因素有断料、断水、断电和饲料中缺乏维生素、蛋白质和含硫氨基酸。

药物影响

在用药方面要禁止使用对产蛋有影响的药物，这些药物包括磺胺类药物、呋喃类药物、四环素类药物、抗球虫药等。

疫苗接种

防疫时严格按照正常的免疫程序对蛋鹑进行免疫，可有效防止蛋鹑发病和死亡，其目的是争取不用药或少用药。在产蛋期则更要慎用疫苗，主要指新城疫、传染性支气管炎等，产蛋鹌鹑除发生疫情紧急接种外，一般不宜接种这些疫苗，以防应激等因素引起产蛋量下降和软壳蛋。

应激因素

产蛋母鹌鹑对各种应激极其敏感，而且反应强烈，会直接影响到一个阶段的产蛋率和蛋的破损率，甚至会因为受惊而造成休克，乃至伤亡。因此，要求保持鹌鹑舍环境绝对安静，尽量不在产蛋期间进行搬迁，饲养人员衣着颜色要固定。

环境条件

鹌鹑适宜产蛋温度是 20～25℃，一般最上层笼在 30℃左右，最下层 23～25℃适宜。温度过高，鹑群张嘴呼吸，饮水超标，粪便稀，影响环境空气质量。15℃以下鹌鹑产蛋率下降很快，温度过低，鹑群精神兴奋或压堆，易造成死亡或疯狂采食，饲料转化率下降。因此要做好鹑舍的保温设计，尤其是屋顶的保温，鹑舍80％的热量是从屋顶散失的。房间顶棚上拉塑料布，可以保证温度不低于 20℃。鹑舍光线不必太强，能看到吃料就可以了，晚上用 7 瓦节能灯（黄色的）照明，每两个相对的笼子前面挂一个，阴天注意开灯。鹌鹑喜欢干燥的环境，注意鹑舍通风。

其他因素

鹌鹑的产蛋率与风的强弱关系很大。在开放式鹑舍，突然而至的 5～6 级风，可使鹌鹑产蛋率下降 10％～20％。春秋季节，天气骤变，突然降温，可使鹌鹑产蛋率下降 10％以上。夏秋季长时间的阴雨天气，可造成光照不足，温差变化大，使鹌鹑抗病力下降，也可引起大肠杆菌暴发，从而影响产蛋率。老鼠是鹌鹑养殖中的天敌，它们不仅偷吃饲料、传播疾病，还偷吃鹑蛋、咬死鹌鹑。

种公鹑的选择技术

种鹌鹑的饲养管理中种公鹑的饲养很重要，因为鹌鹑中公鹌鹑发育不良的个体较多，因此种公鹑的管理要远比种母鹑的重要。在鹌鹑15日龄时将公母分群后，在公鹑中要选择生长发育速度快；胫部直立；站立有力；背部不凹下也不凸起，平整；胸部直不弯曲；眼睛反应灵敏、明亮有神的个体；45～49日龄开产以后，要选择胸部的羽毛颜色较浅而发红，黑色斑点较大而稀的个体公鹑；还应该选择肛门上方腺囊大而突起，用手挤压时能排出白色泡沫样分泌物，叫声清脆高昂的个体。一只优秀的种公鹑必须具备以上特点。

种鹑公母比例和选配技术

种鹌鹑的适宜公母比例在1：（2～5)的范围内，受精率可以保持在85%以上。蛋用种鹑生产中最常用的公母比例为1：3。鹌鹑的选配技术有同质选配和异质选配两种。相同类型或相同遗传基础的个体交配为同质选配，不同类型或遗传基础不同的个体交配为异质选配。同质选配经常用于纯系或纯种繁育。如栗羽鹌鹑的公鹑和栗羽鹌鹑的母鹑交配生产的后代公母全部为栗羽鹌鹑。异质选配经常用于杂交育种或杂交制种。如白羽鹌鹑的公鹑和栗羽鹌鹑的母鹑交配生产的后代1日龄羽毛颜色为淡黄色的是母鹑，而羽毛颜色为栗色的为公鹑，雏鹑出壳1日龄就可区分雌雄。这种方式广泛应用于蛋鹑生产中。

四、种鹌鹑的选择

1. 基本要求

　　留种鹌鹑来源要清楚，无白痢感染，头小而圆，嘴短，颈细而长。两眼大小适中、有神，羽毛丰满有光泽，羽毛颜色符合品种要求，姿态优美，性情温驯，手握时野性不强，体质健壮，无畸形，肌肉丰满，皮薄腹软。

2. 母鹑要求

　　羽毛完整，色彩明显，头小而俊俏，眼睛明亮，颈部细长，体态匀称。体格健壮，活泼好动，食量较大，无疾病。产蛋力强，年产蛋率蛋用鹑应达80％以上，肉用型的也应在75％以上。月产蛋量24～27枚。体重达到该品种标准。体格大，蛋用型成熟母鹑体重140～160克为宜，肉种鹑则体重越大越好。腹部容积大，耻骨间有两指宽，耻骨顶端与胸骨顶端有三指宽，产蛋力则高。这种检查方法仅对母鹑第一产蛋年可行，母鹑年龄越大，腹部容积越大，但其产蛋量却越小。选择产蛋力高的母鹑时，一般等到一年产蛋之后再行选择，可以统计开产后3个月的平均产蛋率和日产蛋量，符合上述要求即可选择。

3. 公鹑要求

　　公鹑品质的好坏对后代的影响很大。要求公鹑羽毛覆盖完整而紧密，颜色深而有光泽。体质健壮，头大，喙色深而有光泽，吻合良好，趾爪伸展正常，爪尖锐（以免交配时滑下，影响交配，降低受精率）。眼大有神，叫声高亢响亮，声长而连续。体重在115～130克，泄殖腔腺发达，交配力强。选择时主要观察肛门，应呈深红色，隆起，手按则出现白色泡沫，此时已发情，一般公鹌到50日龄会出现这种现象。

五、鹌蛋的收集与包装

1. 鹌蛋的收集

鹌鹑产蛋集中在下午到傍晚，下午3～4点最为集中。产蛋期间的鹌鹑停止采食，容易受到应激影响，下午饲养人员要尽量减少进出鹌舍次数，可以在每天清晨收集鹌蛋。

收集后的鹌蛋，装筐后储存在空气新鲜流通、蚊蝇和老鼠无法侵入的储蛋间内。饲养量较大的地方可设立专门蛋库，保持温度10～15℃，相对湿度在70%左右，蛋库要密封、清洁、整齐。鹌蛋蛋壳较薄，但蛋内壳膜坚韧，因此较耐储存，即使在夏季，只要是蛋壳完好的无精蛋，亦能储存较长时间而不致腐败变质。但储存时间长的鹌蛋，蛋内水分慢慢蒸发，气室随之增大，而蛋质变差。因此，应尽可能及时将新鲜鹌蛋包装、上市出售。

2. 鹌蛋的挑选

每次收蛋后要精心挑选，分类销售。适合包装销售的优质鹌蛋，要求蛋壳具有红褐色或紫黑色的斑点和小斑块，色泽鲜艳，外形美丽，蛋壳结实，蛋形正常，蛋重10～13克，蛋黄深黄色，蛋白稠黏浓厚。在大批鹌蛋中有时会出现少量无斑点的蛋、软壳蛋、畸形蛋，应和破损蛋一起加以剔除，不要包装出售。如果出现大量的低质量蛋或软壳蛋时，要检查饲料中维生素的含量和矿物质平衡问题。

3. 鹌蛋的包装

鹌蛋蛋壳较薄，蛋壳强度低，容易破损，因此要轻拿轻放，小心包装。可以采用特制的蛋盒包装，蛋盒分两打装（24 枚）与一打装（12 枚）两种。前者每盒蛋约重 250 克，后者约重 125 克。蛋盒用硬纸板做成，内分小格，每格里放一枚鹌蛋，大头向上摆放，相互分开，以免碰撞。这种包装便于计数，携带方便，而且外形美观，很受顾客欢迎，同时大头向上也延长了保质期。运输时，两打装蛋盒，每 30 盒装一大纸箱，每箱放蛋 720 枚。

为了进一步降低包装成本，鹌蛋可以直接装入瓦楞纸箱，箱底填一层塑料充气薄膜，箱内用小硬纸条分成许多小格，每格放蛋一枚，每层放鹌蛋 144 枚，上隔一层瓦楞纸，层层叠放，使鹌蛋不致相互碰撞，共放 7 层，一箱可放鹌蛋 1 008 枚。往返运输鹌蛋也可利用木箱或纸板箱，底铺一层稻壳，上放一层鹌蛋，撒上一层木屑或稻壳再放一层鹌蛋，层层间隔，以防运输途中的破损。

六、夏季蛋鹌高产措施

1. 做好降温工作

绿化降温：在鹌舍朝阳面搭设凉棚，种植藤本植物遮阳。喷水降温：中午向舍内喷两次水，可使气温降低 5℃。添喂西瓜皮：在饲料中添入 20%～30% 新鲜捣碎的西瓜皮，具有防暑降温的功效。饮冷水：冷水能刺激鹌鹑的采食欲。通风降温：鹌舍要打开门窗，安置排风扇、换气扇等设备，加强通风。

2. 使用高浓度日粮

鹌鹑日粮中的粗蛋白质要不低于 22%。为保证其采食量，应在每天早上和傍晚气温凉爽、鹌群活跃时喂食，同时在其饮水中加入 0.2% 的氯化钾更好。

3. 补充维生素及药物

喂维生素 C：维生素 C 能提高产蛋率、受精率，而且能参与蛋壳中钙的形成，因此其在饲料中的含量应达到 0.03%。补喂维生素 D_3：每 50 千克饲料中补给 5 万～10 万国际单位维生素 D_3。喂小苏打：给每只蛋鹌每天喂小苏打 0.1 克，一次性投喂在中午的饲料中，可使其产蛋率提高 11% 以上。添喂柠檬酸：在蛋鹌每天的饲料中添喂 0.05%～0.15% 的柠檬酸，可使其产蛋率显著提高，又可增加蛋重。喂酵母：在蛋鹌每天的饲料中添加 2%～3% 的酵母，可使其产蛋率提高 10%～20%，同时又能降低饲料费用。

4. 科学补钙

下午可单独给蛋鹌提供可溶性粉粒如石粉粒、牡蛎粒等，以使补充的钙能在蛋壳形成过程中被直接利用，进而改善蛋壳质量，一般补充含钙粉粒量为日粮的 1%～1.5%。

5. 早晚补充光照

夏季是鹌鹑的产蛋高峰期，对光照很敏感，蛋鹌的日光照时间为 18 小时，可选在早晨 4 点开灯，晚上 10 点关灯，光照强度以满足蛋鹌看见采食为宜。

6. 减少应激

鹌鹑胆小，受惊后产蛋率会下降或产软壳蛋。在日常饲喂、拣蛋、清粪、加水时动作要轻，不要轻易更换饲养人员。防止饲料突变，要有固定工作程序，严禁动作粗暴，避免噪声干扰，杜绝外来人员参观。

七、冬季蛋鹌稳产措施

入冬以后，气温渐低，日照渐短，大部分鹌鹑产蛋量下降，甚至停产。要使鹌鹑冬季持续平稳产蛋，饲养上必须采取以下措施：

1. 保温、增温

鹌鹑喜暖怕冷，鹌鹑产蛋期的适宜温度为 20～25℃，低于 15℃产蛋率明显下降，因此，冬季保持适宜的环境温度是提高鹌鹑产蛋率的一个重要环节。在入冬前就要做好防寒准备，修缮门窗和屋顶，防止贼风入舍。有条件的养殖户，也可购置暖风炉或小电炉（500～800 瓦）加热，一般晚间开动数小时即可。在严冬或早春应采取保温增温措施，夜间关闭门窗，北侧窗户加装棉窗帘。适当加大笼养密度，每平方米可饲养 80～100 只。采用立体多层饲养。冬季笼底与笼顶温度相差 5～7℃，可将底部成鹌移至上部各层，或添加部分笼具。

2. 增加光照

产蛋鹌鹑每天需要 16～18 小时光照时间，冬天需人工补充光照。每 30～40 米^2 鹑舍配 1 只 40 瓦电灯，每天天亮前 2 小时开灯，天黑后 2 小时关灯，保持稳定的光照度和时间。应注意的问题是补充光照一定要使光照时间保持稳定，不能忽增忽减，更不能半途而废。此外，还应注意擦拭灯泡，以防灯泡变脏后光照强度减弱，应尽量做到光线均匀一致。

3. 增加饲喂次数，适当调整饲料配方

冬季气温较低，鹌鹑必须从饲料中采食足够的营养以抵御寒冷，才能保证自身正常的代谢活动，维持较高的产蛋性能，可以采取增加饲喂次数的方法来满足所需要的营养。进行干喂和湿喂均可，采用自由采食或定时定量的饲喂方式均可，只要营养成分全面、平衡就可以，但饮水不能中断，最好饮用温水。在冬季，鹌鹑的能量消耗增加，应适当调整日粮配方，增加能量饲料的比例，降低蛋白质饲料用量。建议在饲料中添加 1%～1.5% 的油脂，并增加维生素 A、B 族维生素和维生素 D，以增强鹌鹑的耐寒能力和抗病力。

4. 增加水分

冬季天气干燥，空气湿度偏低，因此应注意产蛋鹑对水分的需求。饮水器配置的数量应充足，自动饮水器随时检查是否出水。要保证水源清洁卫生，人工加水的饮水器注意每天换水。寒冷的冬季，适当饮用温水可以提高鹌鹑的御寒能力，提高产蛋率。

5. 优化环境

产蛋鹑对各种应激极其敏感，而且反应强烈，受惊后产蛋率下降或产软蛋，所以要求保持鹑舍环境绝对安静，日常加水、加料、拣蛋等工作时，动作要轻，避免使蛋鹑受到刺激，饲养人员衣着颜色固定，不要轻易更换饲养人员。外来人员不得进入舍内，防止猫、狗等动物骚扰，尽量减少或避免各种应激因素的影响，保持环境相对稳定。在应激情况下，可在饲料中添加 0.02%～0.04% 的维生素 C，同时用电解多维饮水，能减轻不良应激的影响。

6. 适当通气

　　冬季多采取保温密集饲养，饲养室内氨气较重，要注意适当通风。可在下午2点左右将上部薄膜卷起部分，或略开门、窗，但必须注意防止冷空气直接吹入产蛋鹑的笼架上。

7. 及时防病

　　冬季鹌鹑笼养一般比较密集，一旦发病，应及时隔离治疗。防鹌鹑白痢疾可用土霉素拌料，连续喂5～7天。与夏季管理一样，日常继续保持笼舍、饮食具清洁卫生。

专题七
肉用型鹌鹑饲养管理

专题提示

1. 肉用型鹌鹑的饲养周期。
2. 雏鹑的饲养管理。
3. 子鹑的饲养管理。
4. 产蛋期肉种鹑的饲养管理。
5. 商品肉子鹑的饲养管理。
6. 淘汰蛋鹑、种鹑的育肥。

一、肉用型鹌鹑的饲养周期

1. 雏鹑期

鹌鹑从出雏到21日龄为雏鹑。雏鹑期适应性差，对环境温度要求很高。育雏笼3~4层，规格一般为100厘米×70厘米×40厘米，底网为10毫米×10毫米金属镀锌网板，网底设承粪盘。

143

2. 子鹑期

鹌鹑从 21 ～ 42 日龄为子鹑期。子鹑期饲养在育雏笼中，也可以提前转入产蛋种鹑笼。子鹑期鹌鹑的适应能力大大增强，觅食能力提高，抗病力增强。

3. 产蛋种鹑

肉用种鹑 49 日龄转群后进入产蛋期则为种鹑。产蛋种鹑必须上笼饲养，自然交配在笼中进行，可以达到较高的受精率。种鹑笼专供产蛋种鹑使用，根据品种、配比、用途制订规格。要求适度宽敞，确保正常配种、采食、饮水和减少破蛋率。肉种鹑笼每层高度比蛋种鹑笼高 2 厘米，方便交配。

二、雏鹑的饲养管理

1. 饲养方式

雏鹑期采用单层平养或多层笼育雏，根据饲养数量来定。一般饲养数量少，可以采用单层笼平养或火炕育雏。数量多必须用多层笼养，以提高饲养密度和房舍的利用率。

2. 进雏

进雏前，鹑舍应提前 1～2 天点火升温，检查加温效果，测量鹑舍温度、湿度和育雏器内温度。雏鹑运至目的地后应尽快分散至育雏器内，尽快进行初饮。初次饮水最好供应 5% 葡萄糖水，并且加入维生素制剂等，初饮后 2 小时左右"开食"。肉种鹑育雏期内温度、湿度及光照时间要求见表 37。

表 37　肉种鹑育雏期内温、湿度及光照时间

日龄	温度（℃）	相对湿度（%）	相对湿度（%）
1～3	39～38	70	24
4～7	37～33	70	23.5
8～10	32～30	65	19～21
11～15	29～27	65	14～16
16～21	26～24	60	12～13

3. 喂料次数

肉种鹑育雏期自由采食，保证生长发育要求。但喂料要定时定量，少食多餐，防止饲料浪费。方法为第一天喂料 10 次，第二天至第五天每天 6～8 次，以后每天 4～6 次。

4. 饮水要求

育雏期注意饮水器的设置，防止雏鹑掉入深水中弄湿羽毛或淹死。育雏前 10 天，使用自制小型饮水器，饮水器每天清洗 1～2 次，消毒 1 次。10 天后改用真空饮水器或杯式自流饮水器。

5. 饲养密度

合理的密度是保证均匀采食和减少啄斗的需要。育雏阶段肉种鹑每平方米饲养 80～100 只，避免密度过大。但密度太小也不利于保温，冬季育雏可以

适当提高饲养密度。

6. 管理要求

经常检查育雏室内的温度、湿度及通风情况。经常检查雏鹑的采食和饮水情况，发现异常及时采取相应措施。定期抽样称重，及时调整饲养管理措施。定期统计饲料消耗及周龄成活率情况。做好防鼠及防煤气中毒等工作。

三、仔鹑的饲养管理

1. 饲养方式

采用单层或多层笼养。每平方米笼底面积饲养 60 只左右，夏季酌减，冬季可以适当增加。

2. 环境条件控制

育成期仔鹑最适合温度为 22～24℃，相对湿度 60% 左右，光照每天固定为 12 小时，不能随意增加光照，否则会出现提前开产，影响以后种蛋的合格率。提前开产的鹌鹑开产后蛋较小，畸形蛋比例较高，全期种蛋合格率较低。

3. 饲喂与饮水

仔鹑阶段采用自由采食，每天加料 4～6 次，根据体重发育情况适当进行限饲，控制喂料量，避免采食过量引起过肥。采用杯式自流饮水器饮水，保证饮水的清洁卫生。

4. 管理要求

21 日龄后要及时转群，根据羽色进行雌雄鉴别，实行公母分群饲养，避免出现早配现象。种用仔鹑为防止性早熟，从 28 日龄开始可采用限制饲养等技术措施。保持环境安静，防止惊群。定期抽样称重，统计耗料情况。

四、产蛋期肉种鹑的饲养管理

1. 饲养方式

产蛋期肉种鹑采用多层笼养，方便加料和种蛋的收集。需要专用肉种鹑笼，由于肉种鹑体形大，肉种鹑笼比蛋鹑笼要高 2 厘米，方便交配的顺利进行。

2. 温度、湿度

从开产至淘汰，温度尽量保持在 22～26℃，相对湿度 60% 左右。温度过低、过高都会引起产蛋率的下降，种蛋受精率下降，饲料转化率降低。一般在肉鹑饲养比较集中的南方地区，冬季鹑舍温度较为适宜，关键是夏季高温高湿影响较大。

3. 光照要求

光照是产蛋期种鹑非常重要的环境条件之一，进入产蛋期后，要逐渐延长每日光照时间，刺激性腺的发育，促进产蛋。光照要求见表 38。在自然光照不能满足光照要求时，通过人工补充光照完成。注意补光要早、晚两头补，有利于鹌鹑采食和收蛋等各项工作的顺利进行。产蛋期最长日光照时间为 16～17 小时，维持恒定，绝对不能随意减少光照。遇到停电时要准备蓄电池或蜡烛照明，保证每天光照时间不减少。

表 38　肉种鹑产蛋期光照要求

日龄	光照时间（小时）
36～40	13
41～45	14
46～50	15
51～60	15.5
61～淘汰	16～17

4. 喂料与饮水

产蛋期自由采食，每天加料 2～3 次，每次加料不能过多，不能超过料槽的 1/3。更换产蛋期饲料要有 3～5 天的过渡期，不能突然一次换料。采用杯式自流饮水器供水，检查供水情况，供水不能中断，经常清洗水杯。

5. 饲养密度

产蛋期肉种鹑要降低饲养密度，特别是夏季，每平方米饲养 45～48 只，冬季可以适当增加几只。密度过大会影响到交配的成功率，而且会引起啄肛等恶癖，夏季密度过大容易造成热应激。

6. 公母配比

为了保证高的受精率，公母配比要降低到 1∶（2～3）。生产中一般为 1∶2.5。公母同笼混养，自然交配。首先转入公鹑，12 小时或 1 天后再转入母鹑。第一次交配后 40 小时可收取种蛋进行孵化。

7. 管理要求

适时转群，防止应激。根据配种计划，上午对种公鹌鹑称重、评定外貌，按育种与制种要求，选出种公鹌鹑后，戴上脚号，放入种鹌鹑笼内；下午对种母鹌鹑进行选择，按配种计划，戴上脚号，再按配比放入种公鹌鹑笼内配对制种。转群先放入公鹌鹑可以确立公鹑的优势地位，避免母鹑欺生不让公鹑交配。

8. 种蛋收集

及时收集种蛋，进行分类统计，做好种蛋的消毒、储存、保管。鹌鹑产蛋主要集中在下午，夏季每天收蛋 3～4 次，其他季节 2 次。

9. 种群更新

及时更新种群，除育种群外，一般肉用种鹑利用期限为 6～8 个月，当产蛋率下降到 60% 以下时及时淘汰，鹑舍消毒后补入下一批种鹑。

五、商品肉子鹑的饲养管理

1. 肉子鹑的生理特点

肉子鹑出壳以后腹腔内还有未被吸收完的卵黄，可供其出壳以后 24 小时的正常的营养需要，因此肉子鹑出壳后 24 小时以后再喂水喂料；雏鹑神经调节机能和生理机能不健全、怕冷，需要人工给温才能生存；雏鹑有一定的野性，有采食和饮水的本能，消化能力较强，喜食粒料，因此饲料粒度大小应适合雏鹑采食特点，供给营养丰富和易消化的优质饲料；肉子鹑喜欢光线强的环境，光线暗时易挤堆压死。因此育雏期需要 23 小时光照，1 小时黑暗，有利于生长和健康；生长发育快，新陈代谢旺盛，45 日龄体重可以增加至 350 克。应该及时地调整饲养密度和给予足够的采食饮水的位置；肉子鹑对外界反应敏感、抗病力弱，应在饲料中添加预防性药物，增加机体免疫力，并提供稳定的环境条件。肉子鹑体形小，笼底应该铺白色棉布，笼网孔要小一点，防止夹住肉子鹑的脚或头，造成不必要的伤亡。

2. 肉子鹑饲养阶段划分

商品肉子鹑采用两段制饲养。前期（0～21 日龄）为育雏期，可以采用火炕育雏或笼育；后期（22 日龄至上市）为育肥期，必须转群上育肥笼，以减少运动量，有利于增重和提高饲料转化率。

3. 育雏期的饲养管理

（1）做好接雏前准备工作　准备好育雏室、育雏笼、饮水器、食槽、料桶、保暖火炉与保暖电器、照明灯。育雏室、笼具等进行熏蒸消毒，笼具用喷灯火焰消毒。在进雏前1天开始升温，使室温达到22～24℃，笼温达到35～37℃（指雏鹑背部水平温度）。备足饲料。头1～2天可在笼底铺上垫布，防止雏鹑腿部打滑受伤。食槽或料桶中加好开食料，饮水器中加好水，准备接雏鹑。

（2）饲养密度　肉子鹑性情温驯，可以适当增加饲养密度，提高笼具利用效率，获得更大经济效益。1周龄为每平方米150～180只，2周龄为每平方米120～150只，3周龄为每平方米100～120只，4周龄为每平方米70～90只。不同季节可以适当调整，冬季增加密度，夏季减少密度。

（3）注意保暖　由于鹌鹑初生至7日龄的体温较成年鹑低3～4℃，至10日龄后体温才恢复正常，而调节体温功能要到21日龄后才完善，因此，一定要为雏鹑创造温暖的生活环境，切忌育雏温度忽高忽低而诱发白痢病。肉子鹑均匀地分布在笼内或育雏舍内，采食、饮水正常，伸腿伸翅伸头、奔跑、跳跃、打斗、卧地舒展全身休息，羽毛丰满干净有光泽，证明温度适宜；肉子鹑挤堆，发出轻声鸣叫，呆立不动，采食饮水减少，羽毛湿，站立不稳，死亡率高说明温度偏低；肉子鹑伸翅，张口呼吸，饮水量增加，寻找低温处休息往笼边远跑，说明温度偏高。

（4）饮水　肉子鹑进入育雏笼，先让它休息熟悉环境，大约2小时后开始饮水。肉子鹑最好用小型自制饮水器（玻璃罐头瓶加小碟），1～7日龄，100千克凉开水＋50克速溶多维＋30克维生素C＋5千克白糖或葡萄糖配制成的保健水可供其自由饮用，每天饮用2次青霉素和链霉素，或者头孢噻肟钠，每次每只各500国际单位，15日龄后用1千克的真空饮水器。注意自开始饮水起不得断水，防止缺水后再供水出现暴饮。

（5）喂料　宜在开始饮水后2小时内或同时开食，先撒在白棉布上诱导肉子鹑采食，同时也可以在笼内放置小料桶或者小料槽，让肉子鹑对于小料桶或者小料槽有一个适应的过程。1周内每天8次，2周内每天7次，3周内每天6次。4周以后可用料槽和料桶喂料，每天喂4～5次，采用自由采食的方法，每次间隔20～30分。在料槽或者料桶的底部铺设白色棉布防止饲料浪费。每天喂料时要注意勤添少喂，每次的喂料量要让每一只肉子鹑都吃饱。

肉子鹑单只日耗料量：第一周平均为3.8克，第二周平均为8.6克，第三周平均为15.4克，第四周平均为20.6克，第五周平均为24.8克，第六周平均为 26.6 克。按 40 天上市，饲养 1 只肉子鹑共耗料 800 克左右。

（6）防止逃窜　雏鹑在 1～5 日龄有相当的野性，表现为敏感性与逃窜性，因此必须在笼具正面加一片尼龙纱网挡板，防止逃窜失控。所有笼具务必堵好孔洞或缝隙，防止雏鹑逃窜或挤压导致伤亡。

（7）防治疾病　按照制定的有关免疫程序与防病要求，适时接种疫苗与药物预防。经常检查鹑群表现，发现弱雏、病雏及时隔离观察。没有育肥价值的坚决淘汰。

4. 育肥期的饲养管理

商品肉子鹑在遗传上具有早期生长发育快的特点，整个饲养期（育雏阶段与育成阶段）都要加强育肥，方能取得良好的生长率与胴体品质。肉子鹑到 3 周龄时体重达到 150～180 克，骨骼、肌肉发育好，但肥度不够，影响口味，在此基础上再经育肥笼内育肥 2 周，体重可以达到 250～300 克，则体内积储适度脂肪，可改善肉的品质，对提供白条肉或进一步深加工都是必要的。淘汰的成年蛋鹑或种鹑也可以进行 1 周育肥，能够明显增加肥度，改善胴体品质。肉子鹑应采用"全进全出"制，具体的育肥技术如下：

（1）育肥笼　每层笼的高度降低为 12～15 厘米，可防止肉鹑跳跃，有利于育肥。降低饲养密度，每平方米笼底饲养 80 只。每层笼顶架设塑料窗纱或塑网，防止肉鹑头部撞伤。

（2）育肥饲粮　育肥期采用高能量、高蛋白质饲料。1 周龄内用开食盘饲喂，自由采食，每天加料 6～8 次；2 周龄后用料槽饲喂，每次加料不要超过料槽深度的 2/3，每天饲喂 4～6 次。要保证有充足的饮水。法国肉用鹌鹑的采食量见表 39。此外，在饲料中增加叶黄素、虾壳、蟹壳等可使屠体更受消费者欢迎。为了减少屠体的异味，在屠宰前 7～10 天，停止使用鱼粉、蚕蛹等有异味的原料。

表 39　法国肉用鹌鹑平均采食量

周龄	1	2	3	4	5	6
周末平均体重（克）	30.5	70.5	125.0	180.0	226.0	250.0
平均采食量（克/天）	3.8	8.6	15.4	20.6	24.8	24.6

（3）转群　一般肉子鹑养到 3 ～ 4 周龄时，便可转入育肥阶段，应公母分笼饲养，防止出现交配现象而影响采食与育肥效果。

（4）分群　肉子鹑的生长发育迅速，新陈代谢旺盛，在饲养过程中要及时大小分群、强弱分群。强弱分群既可以保证强鹑的快速生长的需要，又可以避免弱小鹑吃不到饲料影响其生长发育。根据羽毛与外貌特征将公母分群管理，可减少因采食量和生长速度上的差异所造成的群体重量不一致，还可减少生长后期因交配等原因所造成的损伤。分群也有利于公鹑尽早出栏，又可以保证母鹑的正常生长。健康鹑和病鹑分群管理有利于病鹑的有效治疗，降低药费开支，又可保证大群肉子鹑的健康。

（5）管理要点　育肥总的原则是提高食欲，减少活动，同时光线要暗。保持温度适宜，通风良好，做到吃饱、吃好、少动、多睡，促进长肉催肥。肉用鹌鹑仅在育雏期需要较长的光照时间和较强的光照强度。育肥阶段商品肉子鹑每天要求 10 ～ 12 小时的弱光，采用 40 瓦白炽灯，能够正常采食饮水即可。强光照条件下鹌鹑比较活跃，活动增加，睡眠减少，这些都不利于育肥。自 21 日龄起，采用断续光照，饲养效果较好。断续光照是开灯 1 小时，黑暗 3 小时，减少鹌鹑活动量，促进其迅速增重。21 日龄到上市阶段，要求温度适宜。18 ～ 25℃的环境温度下鹌鹑食欲旺盛，生长迅速，有利于饲料转化率的提高。

（6）通风换气　肉用鹌鹑的采食量较大，新陈代谢旺盛。若舍内通风不好，氧气不足，会严重影响鹌鹑的正常生长，因此必须保持鹌鹑舍内空气新鲜，冬季天冷时也要开窗换气。最好是采用机械通风，自动化控制。但要处理好通风与保温的矛盾。

5. 上市

肉子鹑 35 ～ 42 天上市，活重达 250 ～ 300 克。蛋用型公鹑 35 天左右上市，活重 100 ～ 110 克。此时的雄鹑还未完全达到性成熟，正是肉质最好的时候，可及时上市供肉用。

6. 肉子鹑的生产指标

（1）出栏率　指育肥末期上市肉子鹑数与刚开始入舍雏鹑数的百分比。高的出栏率要求在 95% 以上。

（2）总活重　指整群肉子鹑上市时的总重量，能够反映出整体生产出栏率和经济效益的高低。

（3）总耗料量　指肉子鹑整个饲养期累计饲料消耗总量。

（4）料重比　指上市肉子鹑全程耗料量与总活重之比，反映出饲料的利用效率和经济效益。一般在（3.2～3.6）：1。

（5）活重　指肉子鹑屠宰前停饲6～12小时后称取的活体重。

（6）屠体重　也称满膛重，指肉子鹑屠宰放血拔羽后的重量（湿拔法须沥干）。专用肉子鹑屠体重在230克以上。

（7）半净膛重　指肉子鹑屠体去掉气管、食管、嗉囊、肠、脾、胰和生殖器官，留心、肝、胃（去除内容物和角质膜）、肺、肾和腹脂的重量。

（8）全净膛重　指半净膛屠体去心、肝、胃、腹脂，保留头、脚、肺、肾的重量。

（9）屠宰率　指屠体重与活重的百分比，一般为90%～92%。

（10）半净膛率　指半净膛重与活重的百分比，半净膛率一般为86%～88%。

（11）全净膛率　指全净膛重与活重的百分比，全净膛率一般为80%～84%。

7. 活鹑的包装运输

（1）挑选　上市的肉子鹑要求肌肉丰满、肥度适中，达到标准要求。专用肉子鹑手抓时感到鹌鹑充满手掌，手感肥满，有一定重量（250～350克）即可放入运输笼中上市。对体重与肥度不合格的可再饲养一段时间，等合格后上市。开产约一年后淘汰的老母鹑，骨头硬、肉质老，要将病弱个体挑出。蛋用公鹑在出售前还要做一次挑选，因为在幼鹑21日龄第一次区分性别时，往往有些误差，将雌鹑混入雄鹑群中，应将这些少量的雌鹑挑出供产蛋用。挑选时，只要把鹌鹑从笼中抓出，看一下毛色，就可以将雌鹑和雄鹑分开。

（2）活鹑的运输　近几年，随着人民生活水平的不断提高，人们习惯吃鲜活的鹌鹑，将活鹑直接运到市场集中屠宰销售，保证产品新鲜。实践证明，40日龄以上的鹌鹑，可以长途运输，最长4～5天，只要喂些水和料，达到终点时，情况都良好。运输活鹑的笼子可用竹篾或柳条编成，也可采用现成的柳条小包装箱，每箱放100～150只，冬春季节放鹑的密度可大些，夏秋季节应放稀些。在选鹑与运输途中要轻拿轻放，尽可能使鹌鹑少受惊。

六、淘汰蛋鹌、种鹌的育肥

1. 育肥时间

当母鹌鹑产蛋 1～1.5 年，产蛋率低于 70％时，即可淘汰育肥；当公鹌鹑满 5 周龄时，也可确定是否留种，对于不留种的，便可淘汰育肥。

2. 环境要求

对淘汰鹌鹑育肥，需在光线较暗和安静的室内进行，室内温度以 18～25℃为宜。

3. 育肥饲料

淘汰鹌鹑的育肥饲料，应以玉米、麦麸、稻谷等含碳水化合物较多的饲料为主，可以占到日粮的 75％～80％；蛋白质饲料可降低到 18％；饲料中应加入 0.5％的食盐，以刺激其饮水，并要适当加喂青绿饲料。在育肥过程中，每昼夜可喂饲料 4～6 次，以喂饱为度，饮水要保证清洁并供足。

4. 上市时间

淘汰鹌鹑的育肥期一般为 2～3 周，当每只体重达到 120～140 克，即可上市出售。

专题八
鹌鹑产品加工与销售

专题提示

1. 鹌鹑肉的加工与销售。
2. 鹌鹑蛋的加工与销售。
3. 鹌鹑粪便的加工与利用。

一、鹌鹑肉的加工与销售

1. 白条鹌鹑(图54)的加工与销售

鹑肉是养鹑的主要产品,将多余的雄鹑和淘汰蛋鹑出售供食用,可提高养鹑的经济收入。也有专用肉鹑饲养,公母鹑均供屠宰食用。可根据消费者的要求,把宰好的鹌鹑及时速冻、装箱、运输、销售,屠宰好的鹌鹑在京、津、沪和沿海许多大中城市颇受市民欢迎。为便于鹑肉的保存、运输以及食用,还可将鹑肉制成罐头销售。

图54 白条鹌鹑

（1）屠宰加工　活肉用鹌鹑屠宰应按《畜禽屠宰卫生检疫规范》（NY 467）要求，经检疫、检验合格后，再按《肉用子鹑加工技术规程》（NY/T 330)进行加工。加工过程中不应使用任何化学合成的防腐剂、添加剂及人工色素。

首先左手抓住鹌鹑，用左手拇指和食指将鹌鹑头部固定，右手持剪刀在鹌鹑下颌部剪断"三管"（食管、气管和血管），然后将其放入大塑料桶中放血。将放血完全的鹌鹑置于60℃左右的热水中浸泡2分，煺掉羽毛后清洗干净。随后用剪刀在泄殖腔到腹部剪一切口，用手指伸进腹腔将内脏掏出，洗净即可。鹌鹑可食部分占活重48.3%，胸肉、腿肉占活重38.5%，可见鹌鹑虽小，但屠率较高，其胸肌、腿肌发达，肉用性能较好。

用专门化的屠宰流水线进行鹌鹑屠宰，能够大大提高效率，而且能节省大量的劳动力，是今后发展的方向。

（2）冷冻加工　需冷冻的产品，应置于-35℃以下环境中，其中心温度应在12小时内达到-15℃以下。

（3）感官指标　按GB16869规定执行，见表40。

表40　鹌鹑肉感官指标

项目	鲜禽产品	冻禽产品(解冻后)
组织状态	肌肉富有弹性，指压后凹陷部位立即恢复原状	肌肉指压后凹陷部位恢复较慢，不易完全恢复原状
色泽	表皮和肌肉切面有光泽，具有禽类品种应有的色泽	
气味	具有禽类品种应有的气味，无异味	
加热后肉汤	透明澄清，脂肪团聚于液面，具有禽类品种应有的滋味	
淤血面积(S)(厘米^2)	$S > 1$ 不得检出 $0.5 < S \leqslant 1$ 片数不得超过抽样量的2% $S \leqslant 0.5$ 忽略不计	
硬杆毛(长度超过12毫米或直径超过2毫米的羽毛)	根数/10千克$\leqslant 1$	

项目	鲜禽产品	冻禽产品(解冻后)
异物	不得检出	

注：淤血面积指单一整禽或分割禽一片淤血面积。

（4）理化指标　理化指标应符合表 41 的规定。

表 41　鹌鹑肉理化指标

项　目	指　标
解冻失水率(%)	≤ 8
挥发性盐基氮(毫克 /100 克)	≤ 15
汞(Hg)（毫克 / 千克）	≤ 0.05
铅(Pb)（毫克 / 千克）	≤ 0.1
砷(As)（毫克 / 千克）	≤ 0.5
六六六(BHC)（毫克 / 千克）	≤ 0.1
滴滴涕(DDT)（毫克 / 千克）	≤ 0.1
金霉素(毫克 / 千克)	≤ 0.1
四环素(毫克 / 千克)	≤ 0.1
土霉素(毫克 / 千克)	≤ 0.1
磺胺类(以磺胺类总量计)（毫克 / 千克）	≤ 0.1
氯羟吡啶(克球酚)（毫克 / 千克）	≤ 0.1
呋喃唑酮	不得检出
己烯雌酚	不得检出
氯霉素	不得检出

（5）微生物指标　鹌肉在饲养、屠宰、加工、储存和运输过程中会受到微生物的污染，影响到食用价值。微生物指标应符合表 42 的标准。

表42　鹌鹑肉微生物指标

项　目	指　标
菌落总数(CFU/ 克)	≤ 5×10.5
大肠菌群(MPN/100 克)	< 1×10.5
沙门菌	不得检出

　　(6)包装　内包装标志应符合GB 7718的规定，外包装标志应符合GB/T191和GB/T 6388的规定。包装材料应符合GB 11680和GB 9687的规定。包装印刷油墨无毒，不应向内容物渗漏。包装物不得重复使用。

　　(7)运输　产品运输时应使用符合食品卫生要求的冷藏车或保温车，不得与有毒、有害、有异味的物品混放。

　　(8)储存　冷冻鹌鹑肉应在-18℃以下的冷库内储存，不得与有毒、有害、有异味、易挥发、易腐蚀的物品同处储存。

　　(9)白条鹌鹑的销售　白条鹌鹑主要以冷冻销售为主，大型水产、畜禽产品批发市场家禽区是主要的销售地点，批发市场货源集中，是一些饭店、卤肉制品店集中采购的场所，屠宰后的白条鹌鹑可以在这些批发市场设点，建专用冷冻房，进行储存销售。

　　2. 五香鹌鹑(图55)的加工工艺

图55　五香鹌鹑

　　五香鹌鹑呈酱红色，营养丰富，风味独特，方便卫生，很受消费者欢迎。

　　(1)宰杀　选用健康的活鹌鹑，放血后用热水浸烫去毛，剪去嘴尖、趾脚、翅尖和肛门，去除内脏，用流水反复冲洗，使鹌鹑内外洁净。

（2）腌制　将冲洗干净的鹌鹑，晾干水分，然后用盐腌制。用盐量为鹌鹑重量的2.5%，腌制时间根据气温高低确定，冬季长，夏季短，在常温下一般1～2小时。腌制后，再用清水将鹌鹑洗干净。

（3）造型　压平鹌鹑胸脯，将两腿交叉，使跗关节套叠插入肛门处的开口处。

（4）油炸　将经过造型的鹌鹑投入油锅内，油炸2～3分，锅内油温180～210℃。待表面呈棕黄色，便迅速捞出，依次摆放在筐内沥油冷却。

（5）卤煮　加工五香鹌鹑的主要原料及其配比是：每50千克鹌鹑，用酱油5千克、食盐13.5千克（12.5千克用于腌制，1千克用于卤煮）、糖1千克、黄酒500克、味精200克、亚硝酸钠5克、八角30克、花椒25克、茴香16克、桂皮15克、丁香10克、葱100克、生姜60克。将各种配料放入锅中，倒入老汤，并添加与鹌鹑等重的水然后将油炸过的鹌鹑放入煮制，温度控制在90～95℃，时间1小时左右。

（6）冷却　将经过卤煮的鹌鹑从锅中捞出，保持完整，不破不散，再放进冷却间冷却。冷却间温度为4～7℃。

（7）包装　将冷却的鹌鹑，在包装间中准确计量，用蒸煮袋包装，并用真空包装机抽真空和封口。

（8）灭菌　将已包装好的蒸煮袋放入高压杀菌锅内杀菌。温度为121℃，压力为100千帕，时间为5～10分。

（9）检测　从高压杀菌锅中取出蒸煮袋，擦干表面水分，检查有无漏气破袋，并逐批抽样进行理化、微生物检验。

（10）装箱　将经检验合格的产品装入包装彩袋中封口，装入箱中，即可上市销售或入库储存。储存库温保持恒定，一般在0℃左右。

3. 烧烤鹌鹑（图56）

各种生长阶段鹌鹑、淘汰蛋鹑均可用于烧烤，但以20日龄公鹑最佳，烤制时间短，方便食用。

（1）腌制　先把葱、姜、蒜切断切片备用，然后把花椒、胡椒、干辣椒炸油备用。把洗好的鹌鹑抹上食盐后，再用酱油和叉烧酱等调味料腌制半小时（如果想要上色深可以选择放入冰箱过夜腌更长时间）。

（2）刷油　把腌好的鹌鹑肚子里面塞满备用的葱、姜、蒜（去腥味、杂味），然后在鹌鹑身上刷上炸好的花椒油（这个也可选择用普通食用油刷，主要是为了上色好看）。

（3）入烤箱　准备好以后就可以放入烤箱烤了，刚开始可以用最高的烘烤温度，然后根据情况慢慢调节温度，调节温度的同时也要拿出来不停地翻转和用刷子刷上些调料汁和植物油。也可以用木炭火明火烤制。

图56　烧烤鹌鹑

（4）食用　等烘烤到表皮有点脆脆的时候就可以食用了。

4. 油炸鹌鹑

（1）原料　鹌鹑3只，鸡蛋1个，芡汤、麻油、绍酒、食盐、老抽、味精、生粉、芫荽等各适量。

（2）腌制　将鹌鹑剖开洗净，并且每只切成四块，拌入老抽、生粉、绍酒、味精，腌约15分。

（3）油炸　炒锅加油烧至沸时，将鹌鹑块逐块放入锅中炸，炸至金黄色捞出沥油待用。

（4）勾芡　将芡汤倒入锅内拌入味精、食盐，用生粉打芡，加麻油搅拌均匀，淋在鹌鹑上，并撒上芫荽即可。

5. 活鹑运输

近几年，随着人民生活水平的不断提高，人们习惯吃鲜活的鹌鹑，将活鹑直运到市场销路好。实践证明，40日龄以上的鹌鹑，可以长途运输，途中运输4～5天，只要喂些水和料，达到终点时，情况都良好。运输活鹑的笼子可用竹篾或柳条编成，也可采用现成的柳条小包装箱，每箱放100～150只，冬春季节放鹑的密度可大些，夏秋季节应放稀些，一般每平方米运输笼面积放

120～150 只。在选鹑与运输途中要轻拿轻放，尽可能使鹌鹑少受惊。

6. 鹌鹑肉干的加工

（1）宰杀　以剪断颈静脉宰杀较方便、干净，放血完全后应剥皮。收其两大腿及胸部肌肉，放在凉水中浸泡 40～60 分，浸出肉中余血，沥干备用。

（2）初煮　将沥干的肉块（7～10 千克）放入加有初煮辅料（白糖 50 克、食盐 50 克、甘草粉 18 克、姜粉 10 克、胡椒粉 10 克、花椒粉 5 克、安息香酸钠 5 克、酱油 700 克）的锅中煮沸，及时撇去汤中的浮油沫，煮 1 小时。

（3）切片　将初煮后的肉块捞在竹筛中冷却，然后把肉块切成 4～5 厘米长的肉片。

（4）复煮　将经过初煮后切成的肉片 5 千克放入初煮的肉汤中，并加入复煮汤料 300～500 毫升（远志 15 克、枸杞子 15 克、益智仁 10 克，加水煮熬成300～500 毫升的汤汁亦可），再次煮沸，煮时不断翻动，待汤快熬干时，再加入料酒 150 克、味精 20 克，拌匀出锅。然后将出锅的肉片置于烤筛上摊开，冷却。

（5）烘干　将摊有肉片的烤筛放入烘箱中，温度控制在 50～60℃，每隔60～100 分调换 1 次烤筛位置，并翻动肉片，使其均匀干燥，7 小时左右即可烘干，将烘干的肉片冷却后，装入印有商标的食品塑料袋中，封口上市。

二、鹌鹑蛋的加工与销售

1. 鹌鹑鲜蛋的包装与销售

（1）鹑蛋的收集（图 57）　鹌鹑产蛋集中在下午到傍晚，3～4点最为集中。产蛋期间的鹌鹑停止采食，容易受到应激影响。下午饲养人员要尽量减少进出鹑舍次数，可以在每天清晨收集商品鹑蛋。收集后的鹑蛋储存在空气新鲜、流通，蚊蝇和老鼠无法侵入的储蛋间内保存，并尽快上市出售。

图 57　鹌鹑蛋收集

（2）鹌蛋的挑选　每次收蛋后要精心挑选，分类销售。适合包装销售的优质鹌蛋，要求蛋壳为灰白色，上有红褐色或紫黑色的斑点和小斑块，色泽鲜艳，外形美丽，蛋壳结实，蛋形正常，蛋重 10～13 克，蛋黄深黄色，蛋白黏稠浓厚。在大批鹌蛋中有时出现少量其他颜色的蛋和软壳蛋、畸形蛋，应和破损蛋一起加以剔除，不要包装出售。

鹌鹑产蛋集中在下午或晚上，因此可以在清晨收集鹌蛋。收集后储存在空气新鲜、流通、蚊蝇和老鼠无法侵入的储蛋橱内保存。饲养量较大的地方可设立蛋库，保持温度 10～15℃，相对湿度在 70%左右，蛋库要密封、清洁、整齐。

（3）鹌蛋的包装（图58）　鹌蛋蛋壳较薄，但蛋内壳膜坚韧，因此较耐储存，即使在夏季，只要是蛋壳完好的无精蛋，亦能储存较长时间而不致腐败变质。但储存时间长的鹌蛋，蛋内水分慢慢蒸发，气室随之增大，而蛋质变差。因此，应尽可能地及时将新鲜鹌蛋上市出售。鹌蛋蛋壳较薄，容易破损，因此要轻拿轻放，要注意包装，可以采用特制的蛋盒包装，蛋盒分两打装（24 枚）与一打装（12 枚）两种。前者每盒蛋约重 250 克，后者约重 125 克，蛋盒用硬纸板做成，内分小格，每格单一鹌蛋，相匀隔开，以免碰撞。这种包装既便于计数、携带，还使外形美观，很受顾客欢迎。运输时，两打装蛋盒，每 30 盒装一大纸箱，每箱放蛋 720 枚。这种包装蛋盒成本较高。为了降低包装成本，鹌蛋可以直接装入瓦楞纸箱，箱底填一层塑料充气薄膜，箱内用小硬纸条分成许多小格，每格放蛋一枚，每层放鹌蛋 144 枚，上隔一层瓦楞纸，层层叠放，使鹌蛋不致相

互碰撞，共叠 7 层，一箱可放鹌蛋 1 008 枚，往返运输鹌蛋也可利用木箱或纸板箱，底铺一层稻壳，上放一层鹌蛋，撒上一层木屑或稻壳，再放一层鹌蛋，层层间隔，以防运输途中的破损。

图58　鹌鹑蛋包装

2. 鹌鹑蛋软罐头(图59)的加工技术

鹌鹑蛋硬罐头产品在运输、销售上很不方便，极大地影响了销路。鹌鹑蛋软罐头产品采用袋装，运输、销售方便，在市场上有一定的竞争力。

图59　鹌鹑蛋软罐头

(1)工艺流程　原料验收→清洗→预煮→冷却→碎皮→剥壳→卤制→沥干→烘干→装袋封口→高温灭菌（反压）→冷却→保温试验→检验→装箱→成品。

(2)操作要点

1)定点收购　成品率与蛋的新鲜度有直接关系，鹌鹑蛋稍不新鲜，剥壳破损率很高。所以，定点收购可保证蛋的新鲜度。

2)预煮　将鹌鹑蛋放于水中，加热至90～95℃，保持2分，迅速放入凉水中冷却。

3)碎皮剥壳　将冷却好的鹌鹑蛋放在振荡机内振荡1分，将蛋壳破碎，然后剥壳。

4)卤制　将桂皮叶、陈皮、花椒、八角、甘草、沙姜、月桂叶和罗汉果叶加水，加热至100℃，保持30～40分，用100目滤布过滤，将卤汁加入酱油、食盐、食糖、味精、黄酒、少量醋，放入已剥皮鹌鹑蛋于90～95℃煮10分，停火30分，煮20分，停2小时，再煮10分。捞起放在筛网上，自然沥干水分。

5)烘干　将鹌鹑蛋放入烘炉内，于60℃烘20分，使其表面干爽。

6)装袋封口　包装材料采用聚酯、尼龙、聚丙烯膜，每10颗蛋一袋。封口要求真空度为0.08兆帕，压力太高，蛋容易渗出水分，过低则灭菌时包装袋会胀裂。

7)高温灭菌　包装后的鹌鹑蛋进行灭菌，温度为118℃，灭菌时间为15～20分。

（3）质量指标

1）感官指标　蛋体色泽呈浅棕色。蛋体组织形态基本完整，允许有小破损。具有卤制品香味及蛋品滋味，无异味。

2）理化指标　每袋产品≥75克，食盐含量为1.8%~2.0%。

3）微生物指标　应符合罐头食品商业无菌要求。

4）保质期　25℃以下保质期为6个月。

（4）注意事项　要制得品质好的产品，必须注意以下几点：①原料的新鲜度很重要，应选用产期3天内的蛋，而且储存温度要低。②预煮时间不必过长，让蛋白刚好凝固，以便卤汁容易渗透。③卤制时反复停煮，目的是节约能源，让其慢慢渗透。④卤制后取出蛋品时，必须从夹层锅下边取出，否则会把蛋铲坏。⑤烘干蛋品的目的是使蛋表面干爽，若过分烘干，则口感过硬，不适宜老人和小孩食用。⑥灭菌时将袋竖起单层放入灭菌车内，否则成品形状不佳。

3. 鹌鹑皮蛋（图60）的加工

鹌鹑皮蛋外观玲珑精致，色彩斑斓，剥壳后松花纹理清楚，幽香宜人，清爽适口，堪称"蛋中新秀"、冷盘佳品。其制作工艺如下：

图60　鹌鹑皮蛋

（1）配料　鹌鹑蛋10千克，开水10千克，生石灰2千克，纯碱0.8千克，食盐0.3千克，红茶末0.2千克，硫酸铜12克，硫酸锌12克。

（2）料液调制　先将纯碱、红茶末放入缸底，然后将开水倒入缸中，随即放入硫酸铜、硫酸锌，充分搅拌后逐渐放入生石灰，最后加入食盐，搅拌均匀，放凉待用。

（3）验料　有条件的地方可采用酸碱滴定法测定料液中氢氧化钠的浓度

（5%～6%）；也可采用蛋白凝固试验法，先在烧杯或碗中加入5毫升料液上清液，再加入蛋白5毫升，不要搅拌，15分后观察蛋白是否凝固。若15分凝固，1小时后蛋白化为稀水，表明料液碱度合适；如在30分左右蛋白化为稀水，表明料液浓度过大，不宜使用；当蛋白放在料液中15分不凝固，表明料液碱度低，也不宜使用。碱度过高和过低可分别用茶水和碱调整。

（4）装缸　将挑选合格的鹌鹑蛋装入缸中，用竹篾子撑封，以防蛋体上浮，将备好的料液倒入装蛋的缸内，以淹没蛋体为度，然后用双层塑料布将缸口密封，在15～20℃环境下浸制成熟。

（5）浸泡期管理　浸制期间必须注意温度的变化，最适宜的温度为20℃；仔细检查缸体是否渗漏；浸制初期不得移动缸体，否则会影响凝固；浸制期间从第七天开始，每隔7天抽样检查皮蛋的变化和品质情况。第七天时化清结束，蛋白开始凝固；第十四天蛋白凝固、有弹性并上色；第二十一天蛋白凝固，有弹性、光洁，呈墨绿色，基本成熟。

（6）出缸及涂膜包装　皮蛋成熟后，小心捞出，将皮蛋用料液的上清液洗净，放入塑料筐内，置于通风阴凉处晾干。常规品质检验后，用液体石蜡或固体石蜡等作涂膜剂，喷涂在皮蛋上，待晾干后，再封装在塑料盒或塑料袋内上市销售。

4. 鹌鹑咸蛋（图61）的加工

鹌鹑咸蛋精选优质原料而制，蛋白细嫩，蛋黄红润，富含油脂，咸度适宜，细滑爽口，保质期长，食用卫生、方便。

图61　鹌鹑咸蛋

（1）鹌蛋挑选 腌制鹌鹑咸蛋要挑选个大、新鲜的鹌蛋，保证蛋黄系带的完整性。保存期过长的鹌蛋会漂浮于腌料溶液上，影响腌制效果。蛋壳品质要好，剔除裂纹、破蛋、软壳蛋、白壳蛋、茶色蛋，严重粪便污染的也要挑出，避免污染其他蛋品。

（2）腌料配制 1千克鹌蛋需要食盐80～100克，五香咸蛋还需要八角10克，花椒8克，小茴香10克。将食盐与香料放入开水中煮10～15分，放凉后备用。水用量根据腌制容器，需完全浸泡鹌蛋。

（3）鹌蛋清洗 将挑选好的鹌蛋轻轻放入大盆中，先用清水浸泡20～30分，彻底溶解掉蛋壳表面的脏污，发现漂浮的鹌蛋要剔除掉。再在流动的水龙头下冲洗干净备用。

（4）装坛 将清洗好的新鲜鹌蛋轻轻放入腌制容器中（小口坛较好），注意不要装满，大概占到容积的4/5即可，留有一定空间盛放腌制液。

（5）灌液 将放凉的腌料溶液缓缓倒入放好鹌蛋的容器中，液面完全盖住鹌蛋为好。

（6）密封腌制 盖好坛口盖，用塑料布包裹，绳子扎紧口密封，进行腌制，7～10天后即可启封食用。储存温度10～30℃，温度越高，成熟越快。

5. 鹌鹑蛋罐头的加工

鹌鹑蛋罐头是鹌鹑蛋经卤熟腌制而成的罐头制品。其保质期长，营养丰富，风味独特，可直接食用。

（1）原辅料质量 采用新鲜或冷藏良好的鹌鹑蛋，蛋壳清洁，每千克约90个。不得使用腐败、破碎及空头过大的陈蛋。味精、食盐、白砂糖按国家有关标准执行。

（2）工艺流程 原料验收→冲洗、消毒→预煮、冷却→检查→装罐→排气→封口→杀菌、冷却→入库保温→检验→装箱→成品。

（3）操作要点

1）原料验收 按标准执行，挑选新鲜蛋，剔除次、劣蛋。

2）冲洗、消毒 把选好的蛋轻轻放进筐内，用流水洗去壳上污物；再用有效氯600～800毫克/千克的漂白溶液，浸泡5～7分。取出用清水冲洗一次，消毒液每2小时更换一次。

3）预煮、冷却 将选好的蛋放到40～50℃的温水中，蛋与水之比为1∶3，预煮时在水中加进 2% 的食盐，慢慢加热至微沸，保持 5～8 分取出，放于流动水中充分冷却。

4）检查　挑出明显露蛋黄、露蛋白、大裂口的蛋，如发现蛋壳有污物，应刷洗清洁后备用。

5）配汤　食盐 2.4 千克，白砂糖 200 克，味精 50 克，水约 100 千克。先在水中加入盐、糖，待沸腾后，调至汤汁 100 千克，关火停止加热，加进味精，搅拌溶解，过滤备用。

如果生产五香鹌鹑蛋罐头，需要先配置香料水。配方：八角 0.8 千克，白芷 0.3 千克，甘草 0.5 千克，花椒 0.5 千克，桂皮 0.6 千克，生姜 1.0 千克，大葱适量，清水 120 千克。将上述原料放入夹层锅内，加热微沸 60～90 分，过滤并调至 100 千克。此香料水可反复使用，但第二次使用前应再加配方的一半料，再次加热微沸。调味料配方：食盐 3.6 千克，砂糖 1.5 千克，酱油 4.0 千克，黄酒 2.4 千克，糖色适量，香料水 5.0 千克；先将清水、食盐、酱油、砂糖、香料水放入夹层锅内加热煮沸，撇除浮沫及污物，再加入黄酒，取出过滤后调至 20 千克备用。

6）装罐　玻璃瓶罐必须经清水洗净后，控干水分后备用。天气较冷时，经保温处理后再用。将预煮好的蛋带皮排列整齐地装罐。要求蛋重不低于净重的55%。然后，将 75℃ 以下的调味料浇入罐内。

7）排气、封口　罐盖使用 214 号涂料铁，打字后，经沸水消毒，控干水分备用。排气温度 90～95℃，时间 10～12 分，及时封口，并逐罐检查封口质量。

8）杀菌、冷却　密封后应及时杀菌，118℃ 加压至 0.1～0.2 兆帕，15～35 分。封口后，罐头存放时间不得超过 45 分，及时杀菌，杀菌后冷却至 40℃，擦净罐外污物和水珠，入库保温。

（4）技术标准

1）感官指标　带蛋壳，蛋壳颜色呈本品种固有的褐色花斑，汤汁较透明。具有鹌鹑蛋应有的滋味及气味，无异味。同一罐中鹌鹑蛋大小大致均匀。每罐中允许有少量裂口蛋，不允许有明显露蛋白、露蛋黄的蛋存在。不允许存在杂质。

2）理化指标　净重 500 克，每罐允许有 ±5% 的公差，但每批平均不低于规定指标。固形物不低于净重的 50%，每罐允许有 ±5% 的公差，但每批平均不低于规定指标。氯化钠含量1%～2%，每千克制品中锡不超过200毫克，铜不超过5毫克，铅不超过1毫克。

3）微生物指标　无致病菌及因微生物作用所引起的腐败征象。

6. 虎皮鹌鹑蛋（图62）的加工

图62　虎皮鹌鹑蛋

（1）调味汤配方　食盐2千克，酱油5升，茴香0.1千克，桂皮0.1千克，味精0.04千克，白糖0.5千克，水60升。

（2）加工工艺　原料选择→清洗→分级→预煮→剥壳→油炸→配汤→装罐→排气→封罐→杀菌→冷却→保温→打检→包装→成品→擦罐。

（3）加工方法

1）鲜蛋验收　用感官法和透视法检验，剔除次劣蛋和变质蛋。

2）清洗、分级　将合格的鲜蛋放入温度30℃水中浸泡5～10分，捞出，洗掉蛋壳上的污物。按大小分级，使同一罐中的成品蛋大小一致。

3）预煮、剥壳　将洗净的蛋放入5%食盐溶液中煮沸3分，待鹌鹑蛋熟透后捞出，立即用冷水冷却，然后剥壳。剥壳时勿损伤蛋白。剥壳后放入温度50℃的热水中浸泡15～20分，反复漂洗去除蛋壳膜。

4）油炸　剥好的蛋沥干水分，放入温度180～200℃的植物油中炸3～5分。待蛋白表面炸至深黄色并形成皱纹时捞出，沥干油。

5）配汤　将茴香、桂皮等香辛料用纱布包好，放入清水中煮沸40～50分，当有浓郁香味逸出时加入食盐等辅料。待食盐、白糖溶解后，停止加热，汤汁用纱布过滤，保持汤汁温度在80℃以上。

6）装罐　在已消毒的玻璃瓶中加入炸好的虎皮蛋300克，加上配制好的汤汁，扣上罐盖。

7）排气、封罐　以热力排气，当中心温度达80℃以上时以真空密封。

三、鹌鹑粪便的加工与利用

家禽粪便污染是当前畜牧业污染的源头之一，家禽粪便随意排放严重影响周边环境。粪便的无害化处理、资源化利用可在不同程度上减少有害物质向自然界的排放，将对农业可持续发展和农产品质量的提高带来良好的效益。

1. 鲜粪便销售

鹌鹑粪肥在人工养殖的牲畜与家禽当中微量元素含量最高，其氮、磷、钾含量总和可达43%，用于一般蔬果的施肥都可以。每吨鲜粪价格在200～300元，购买者主要是周边地区蔬菜、果树种植户。

2. 晒干处理

鹑粪是鹌鹑生产的副产品，一只成鹑每天可排泄粪便约15克左右，干燥后6克左右，每只鹌鹑全年可积干鹑粪2千克以上。干燥处理后的鹌鹑粪便，便于储存、运输与销售，价格远高于新鲜湿粪。晒干后的鹌鹑粪便，价格在每千克1元左右，主要用于有机蔬菜、果树的种植。每天或隔天将鹌鹑承粪盘抽出，将鹑粪用专用工具刮到地面，然后集中运往水泥地面或专用晾粪场晒干（图63）。

图63　鹑粪晒干处理

3. 烘干处理

鹌鹑粪便烘干处理主要用途是生产有机肥，是以鲜鹌鹑粪为主要原料，经彻底去尘、净化、高温烘干、浓缩粉碎、消毒灭菌、分解去臭等工序精制而成。鹌鹑粪便有机肥含有农作物所必需的多种营养元素。鹌鹑粪烘干机构造同鸡粪烘干机（图64），配套设备包括烘干主机 、热风炉、螺旋上料机、除尘器、除臭塔、控制操作台等。1吨湿粪可以生产0.4～0.5吨干粪。鹌鹑粪便烘干处理耗能较大，对环境会造成一定污染，生产效益一般，要慎重使用。

图64　鹌鹑粪烘干机

4. 生物发酵处理，生产有机肥

生物发酵生产发酵有机肥是鹌鹑粪便资源化利用的方向。鹌鹑粪便最好经过发酵，因为粪便中含有大肠菌、线虫等病菌和害虫，直接使用会导致病虫害的传播，对食用农产品的人体健康也产生影响。未腐熟有机物质在土壤中发酵时，容易滋生病菌与虫害，也导致植物病虫害的发生，还可能导致烧苗。因此要预先充分发酵，腐熟后才能施用。粪便发酵作肥料的传统老办法是，对鹌鹑粪便进行堆积，使粪中温度达到60～75℃，让其自然堆积发酵2～3个月。而用微生物发酵法处理粪便，不仅能提高粪便的营养价值，而且成本低廉，操作简单，易于推广，因而受到用户欢迎。用发酵助剂处理，可使发酵过程大大加快，对工厂化大规模处理粪便特别方便，见图65。

图65　鹌鹑粪工厂化处理